Dirk Waltmann | Matthias Meyer
Schwarzwild im Visier
Ansprechen, Bejagen, Nachsuchen, Versorgen

WAS SIE IN DIESEM BUCH FINDEN

SCHWARZWILDJAGD IST HANDWERK

Seit Mitte des vergangenen Jahrhunderts haben die Wildschweinbestände durch den Klimawandel, die Häufung von Waldmasten und die Zunahme des Anbaus großwüchsiger Feldfrüchte wie Raps und Mais, aber auch durch Hegemaßnahmen zugenommen. Dazu kommt die Erschließung neuer Lebensräume durch das Schwarzwild im Siedlungsbereich.

Die hohe Lernfähigkeit und ein ausgeprägtes Sozialverhalten, vor allem aber ein effektiver Schutz der Jungtiere bilden die Grundlage für den Erfolg des Schwarzwildes. Eine intakte Sozialstruktur und angepasste, d. h. niedrige Grundbestände dienen der Wildschadensverhütung und Seuchenprophylaxe. Mit dem Auftreten der Schweinepest (ASP) in Belgien besteht auch in Deutschland und anderen Anrainerstaaten die Gefahr einer Einschleppung aus Ost und West. Der Mensch ist der Hauptüberträger. Strikte Hygiene ist zwingend erforderlich. Jagd bedeutet stets einen Eingriff in einen Wildbestand und in ein Sozialgefüge. Tendenzen, dass mancherorts die Jagd auf das Schwarzwild zu einer Verfolgung ohne Rücksicht auf Tierschutz und Sozialstrukturen zu verkommen droht, stellen die Jagd selbst infrage. Ein entscheidender Unterschied zwischen der Jagd und der Schädlingsbekämpfung besteht darin, dass der Jäger bei der Jagd in eine – wenn auch im Einzelfall nur kurze – Beziehung zum erlegten oder gefangenen Individuum tritt und dass letztlich für Wildbestand und Lebensraum das Verhalten der überlebenden Individuen entscheidend ist. Waidgerechtes Jagen bedeutet auch Rücksichtnahme auf das Nachbarrevier. Jagdstrategien im Wald müssen ebenso der Wildschadenssituation im Feld Rechnung tragen – auch bei Wildschäden im Feld gilt es, Sozialstrukturen zu beachten. Die Jagd muss der Verantwortung für ein hochentwickeltes Säugetier gerecht werden.

Zur Steuerung des Bestands ist die Entnahme bestimmter Sozial- und Altersklassen erforderlich. Ein hoher Zuwachs heißt automatisch, dass ein hoher Anteil in der Strecke auf Frischlinge entfallen muss: Wenn zu zwei Sauen im Grundbestand sechs Frischlinge dazukommen, die dann 75 Prozent betragen, muss auch der Anteil der Frischlinge an der Strecke bei 75 Prozent liegen. Eine Jagd, die Sozial- und Altersklassen berücksichtigt und dem Schutz der Elterntiere Rechnung trägt, ist effektiv nicht nur zur Regulierung der Bestände und zur Wildschadensverhütung, sondern ist Grundlage auch für die langfristige Akzeptanz der Jagd in der Gesellschaft.

Jagd auf Schwarzwild ist Jagd mit allen Sinnen und erfordert ein Hineindenken in die Situation. Lernen ist Verhaltensänderung durch Erfahrung. Dies gilt für Schwarzwild und Jäger gleichermaßen. Entscheidend ist, wer schneller lernt.

Matthias Meyer und Dirk Waltmann verstehen es meisterhaft, die für die Bejagung wesentlichen Techniken und Grundlagen zu vermitteln. Sie bieten anschauliche Anleitungen für in der Praxis bewährte Jagd- und Reviereinrichtungen und führen auf der Grundlage langjähriger Erfahrungen in die Technik der verschiedenen Jagdarten ein. Das Buch ist ein Praxiswerk für eine nachhaltige und konsequente Bejagung und gleichzeitig auch einen waidgerechten und wildbiologisch verantwortlichen Umgang mit dieser Wildart, dem auch in zweiter Auflage eine hohe Akzeptanz zu wünschen ist. Die Verantwortung gegenüber Wild und Lebensraum ist der Schlüssel für die Akzeptanz der Jagd in der Gesellschaft.

Dr. Michael Petrak, Leiter der Forschungsstelle für Jagdkunde und Wildschadensverhütung des Landes Nordrhein-Westfalen in Bonn.

UNSERE JAGDPASSION GILT DEM SCHWARZWILD

Seit gut zehn Jahren sind in Deutschland die jährlichen Schwarzwildstrecken nicht mehr unter 400 000 erlegte Sauen gefallen. Im Jagdjahr 2017/2018 lagen bis dahin kaum für möglich gehaltene 840 000 Wildschweine auf der Strecke. Ende nicht in Sicht! Mittlerweile werden Sauen in ehemals von Rehwild, Hasen und Fasanen geprägten Niederwildrevieren und ebenso in Gebirgsrevieren erlegt.

Die Ursachen dieser »Erfolgsgeschichte« sind durchaus vielschichtig: Klimaveränderungen, Waldumbau, häufiges Fruktifizieren von Buche und Eiche und gravierende Veränderungen in der Landwirtschaft mit der Tendenz zu immer größeren Anbauflächen. All das sind Gründe, warum die Zuwächse schneller steigen, als sie durch die Jagd abzuschöpfen sind.

Damit verbunden sind nicht nur teils immense Wildschäden, sondern auch wohlbegründete Ängste vor der Afrikanischen Schweinepest (ASP). Diese hat sich nicht nur in Osteuropa ausgebreitet, sondern wurde bis zum Redaktionsschluss dieser 2. Auflage unseres Praxisbuches mittlerweile auch in Belgien und Luxemburg, damit bei unseren unmittelbaren Nachbarn, nachgewiesen. Die ASP droht, unzählige Schweinehalter zu ruinieren. Derartige Ängste sind von der Gesellschaft ernst zu nehmen, besonders von der Jägerschaft. Sie darf nicht müde werden, weiterhin diese trotz allem faszinierende Wildart intensiv zu bejagen. Deren schnelle Anpassungs- und hohe Lernfähigkeit stellt uns Jäger vor immer neue Herausforderungen. Auch wir alterfahrenen Schwarzwildjäger meinen vieles zu verstehen und zu wissen und in unsere Bejagungsstrategie einzubeziehen – und werden von Sauen letztlich doch immer wieder eines Besseren belehrt.

Schwarzwild zu bejagen setzt Kenntnisse der Wildbiologie, der Sozialstruktur und des Verhaltens voraus. Der jagdliche Eingriff muss intensiv bei Frischlingen ansetzen und nicht bei Bachen, wenn deren Frischlinge die Streifen verloren haben. Dass diese von da an keiner Führung mehr bedürfen, wird zunehmend von »Saujägern« propagiert. Demnach müssten über Deutschlands Grenzen hinaus anerkannte Schwarzwildfachleute wie Briedermann, Meynhart, Hennig, Happ, Oloff, Müller, Snethlage und andere über Jahrzehnte falsche Erkenntnisse gewonnen und publiziert haben. Das glaubt wohl ernsthaft kein seriöser Schwarzwildjäger. Vielmehr nehmen die Missachtung der Waidgerechtigkeit, das Ignorieren jagd- und waffenrechtlicher Vorgaben und besonders auch das Außerachtlassen des Tierschutzes bei manchen »Waidleuten« leider proportional zur Bestands- und Schadensentwicklung zu!

Frischlinge tragen ganz erheblich zum Zuwachs der Bestände bei. Eine die Sozialstruktur negativ beeinflussende Bejagung führt nicht zum Ziel. Ohne Zweifel und Diskussion müssen auch Bachen erlegt werden – Überläufer wie Adulte. Wir bejagen bei allem anderen Schalenwild ja auch die erfahrenen »Produzenten«, sogar nach Abschussplan-Vorgaben. Doch bitte maßvoll und bevorzugt mit Einschränkungen auf Drückjagden. Schneller, als man denkt, geht ansonsten »der Schuss nach hinten los«.

Es gibt Landstriche, die bereits von Schwarzwild neu besiedelt wurden, andere sind dagegen noch Erwartungsland. Die dortige Jägerschaft sollte zusammenhalten, gemeinsam planen und jagen. Die Denke »meine Sauen« hat grundsätzlich nichts in den Köpfen zu suchen. Von großer Bedeutung ist die Frage, ob man sich in den Revieren dieser Regionen Schwarzwild mit all seinen jagdlichen Freuden, aber auch (wachsenden) Problemen »leisten« kann. Wo das nicht der Fall ist, gehören die wilden Sauen sofort und mit Druck bejagt. Eine auch nur versuchsweise Kirrung darf es gar nicht erst geben. Jäger, rückt dort sofort und intensiv den Sauen gemeinsam und mit Unterstützung der Landwirte auf die Schwarte, aber bitte immer tierschutz- und waidgerecht sowie der jeweiligen Jagdgesetzgebung entsprechend!

Mit dem vorliegenden Praxis-Leitfaden wollen wir Hilfestellungen geben, wie mit fairen und handwerklich sauberen Mitteln – eben waidgerecht – Wildschweine aktiv bejagt werden können. Daran ist uns besonders gelegen! Mit kurzen (in dieser 2. Auflage auch neuen) Filmclips, die über einen QR-Code mit Smartphones und Tablets aufzurufen sind, bieten wir Ihnen zusätzliche Informationen und Ansprechhilfen.

Als anerkannter Leiter einer Schweißhundstation stand Wildmeister Matthias Meyer viel zu oft vor geschlagenen und getöteten Hunden. Immer wieder werden Jäger verletzt. Er trifft auf verwaiste Frischlinge, wenn er am Ende einer Nachsuche an die mit Weidwundschuss gefundene Bache gelangt. Nachsuchen auf von Maden übersäte Wildtiere, die vom Schützen ihrem Schicksal fahrlässig oder zunehmend vorsätzlich überlassen werden, sind ein anderes schmerzliches und zornig machendes Kapitel. Wo die Schwarzwildvorkommen und in der Folge Schäden in der Landwirtschaft zunehmen, wird ein solches Schicksal leider zu häufig schnell und respektlos hingenommen.

Wer sich als Jäger bezeichnet, aber bei schlechtesten Lichtverhältnissen auf einen dunklen, nicht näher definierbaren Batzen und im milchreifen Getreide auf die dickste Sau schießt, hat keine Verantwortung gegenüber dem Wildtier. Wer willkürlich auf Sauen aus jeder Lage und auf jede Entfernung bei Drück- oder Erntejagden »ballert«, ist ohne Wenn und Aber fehl am Platz. In solchen Fällen ist Eigenverantwortung von den Revierverantwortlichen und Jagdleitern gefordert, derartige Schützen künftig nicht mehr einzuladen. Solche Aasjägerei darf nicht sein!

Modernste Technik hält zunehmend Einzug in Reviere. Es gibt positive wie negative Bewertungen. Unter Berücksichtigung des Waffenrechts und mit Blick auf den Tierschutz möge jeder Nutzer seine eigenen Erfahrungen machen. Gezeigt hat sich auch hier, dass Schwarzwild mit erstaunlichem Verhalten auf gewisse Bejagungstechniken reagiert.

Schätzen wir Schwarzwildjäger uns glücklich, in einer Zeit zu leben, wo wir zumindest bei dieser Wildart jagdlich nahezu aus dem Vollen schöpfen können. Doch bitte tun wir das mit sauberer Jagd, fair und stets mit Achtung vor dem Geschöpf!

Waidmannsheil
Dirk Waltmann und Matthias Meyer

▲ *Die Autoren Dirk Waltmann (links) und Matthias Meyer (rechts).*

RICHTIG ANSPRECHEN

Bei allem Schalenwild gehört das Ansprechen nach Alter und Geschlecht vor der Schussabgabe zum jagdlichen Handwerk. Beim Schwarzwild scheint das für manchen Jäger jedoch aus unverständlichen Gründen ein Buch mit sieben Siegeln zu sein.

ALLES EINE FRAGE DES ALTERS

Für Jäger, die keine Erfahrung mit Schwarzwild haben, ist ein Wildschwein zunächst einmal eine wilde Sau. Für so manchen sehen nahezu alle Sauen irgendwie gleich aus. Größen- und Altersunterschiede werden schlichtweg ignoriert.

Schwarzwild wird unter anderem in der Bewegung bei Drückjagden oder auch bei schlechten Lichtverhältnissen während der Ansitzjagd beschossen. Dennoch ist es mit ein bisschen Übung kein Hexenwerk, Sauen richtig anzusprechen. Ein heller, grasfreier Untergrund gewährt bei einigermaßen Licht und kurzer Entfernung schon beim Keilerchen das Erkennen des Pinseldreiecks – sofern die Sau im Profil steht.

Vorsicht ist geboten beim Schuss auf Einzelsauen. Das sind entweder Keiler oder dickgehende Bachen oder solche, die ihre noch kleinen Frischlinge abgelegt haben. Führende Bachen müssen für den verantwortungsvollen Jäger zumindest während der Aufzuchtzeit vom Spätwinter bis zum Herbst tabu sein, da der Abschuss entweder gegen den Tierschutz (führende und säugende Bache) oder den anzustrebenden Sozialaufbau verstößt.

Erscheinen dem Jäger bei Mondlicht oder Schnee gemischte Rotten, ist ein Unterschied zwischen der gut im Wildbret befindlichen Überläuferbache und der mittelmäßigen jungen oder mittelalten Bache nicht erkennbar. Lediglich starke Bachen stechen als schwarze »Klumpen« deutlich aus der Rotte heraus. Die Leitbache einer großen gemischten Rotte ist aber nicht immer die im Wildbret stärkste! Ihre Position muss der Jäger durch lange, gründ-

◀ *Selbst überalterte Bachen – hier im Bild erkennbar am kantigen Körperbau und vor allem dem ewig langen Gebrech – führen noch regelmäßig, jedoch oft nur ein oder zwei Frischlinge.*

liche Beobachtung beim Anwechseln, am Futter, bei Störung oder während ihres Verhaltens bei Rangordnungskämpfen ergründen. Hält er sich jedoch bei Erscheinen der Sauen – egal ob bei Ansitz oder Bewegungsjagd – an den immer funktionierenden Grundsatz, von klein nach groß zu schießen, ist er stets auf der richtigen Seite. Außerdem vergeudet er keine kostbare Zeit damit, seinen Lebenskeiler in der Rotte entdecken zu wollen. Denn der steht nur zur Rauschzeit bei der Rotte. Jagdbare Keiler über 100 Kilogramm sind leicht zu erkennen.

Frischlinge und Überläufer sind das jagdliche Ziel! So schwer die Differenzierung nach Alter und Geschlecht bei mittelalten Sauen auch ist, umso leichter fällt diese bei Frischlingen und Überläufern. Denen sollte unser jagdliches Augenmerk gelten. Ihr Abschuss hat absoluten Vorrang, da sie die entscheidenden Reproduktionsträger einer Population sind. Die Bejagung des Schwarzwildes muss ohne Zweifel im Hinblick auf die Wildschadens- und Wildseuchensituation scharf und entschlussfreudig sein. Sie darf aber nicht in einen Feldzug unkontrollierter, ungehemmter und ungerechtfertigter Schädlingsbekämpfung münden! Ist der Jäger in der glücklichen Lage, Schwarzwild bei gutenLichtverhältnissen bejagen zu können, gibt es sehr wohl einige deutliche Ansprechmerkmale.

Leider existiert immer noch die alte Annahme, dass jeder Frischling mit Beginn des neuen Jagdjahres am 1. April ein Überläufer wird. Das ist falsch! Der Begriff »Überläufer« ist die wissenschaftlich korrekte Altersbezeichnung eines Stück Schwarzwildes im zweiten Lebensjahr, also zwischen 12 und 24 Monaten.

▲ *Im Spätwinter können Frischlinge (zu erkennen am bleistiftdünnen Pürzel ohne Quaste!) durchaus bis zu 50 kg wiegen.*

Ansprechmerkmale

Frischlinge

Frischlinge anzusprechen bereitet aufgrund deren Färbung und des Größenunterschieds zu erwachsenen Sauen meist kein Problem. Kleine Frischlinge sind gestreift. Mit einem Alter von sechs bis acht Wochen verlaufen die Streifen in das typische »Frischlingsbraun«, das bis zum Haarwechsel im folgenden Frühjahr erhalten bleibt. Daran ist auch der starke Frischlingskeiler im Januar mit bis zu 50 Kilogramm Gewicht deutlich vom etwa gleich starken Überläufer sicher zu unterscheiden. Die Läufe wirken auffallend dunkel, die Federn – das sind die langen Borsten auf dem Rücken – sind extrem lang, sodass sich der dunkle Kamm vom Braun des Wildkörpers abhebt. Der Frischlingspürzel ist dünn, kurz und immer ohne Quaste. Der Pinsel ist nur schwer zu erkennen.

Überläufer

Bei beiden Geschlechtern gibt es Unterschiede zwischen der Sommer- und der Winterschwarte. Überläuferkeiler und nichtführende Überläuferbachen verfärben im Mai zuerst. Sie glänzen oft schon Anfang Juni in der kurzen, silbergrauen Sommerschwarte. Sie sind schlank, aber kurz und wirken dadurch hochläufig. Die Rückenlinie ist leicht gewölbt bis gerade. Überläuferbachen frischen in der Regel später als ausgewachsene Bachen. Tragende Überläuferbachen, die erst im Mai oder Juni frischen, zeigen einen seitlich ausstehenden Bauch und eine deutlich gewölbte Bauchlinie. Typisch für hochtragende Stücke sind auch die zwar noch nicht angesaugten langen Striche, aber schon deutlich sichtbare Zitzen.
Die Quaste am Pürzel beginnt zu wachsen und ist als kleines, schwarzes Haarbüschel erkennbar. Überläuferkeiler sind einfach am Pinseldreieck anzusprechen. Im Herbst sind die Überläufer als Erste fertig in der Winterschwarte. Diese ist grau bis grauschwarz mit langen Borsten und dichter Unterwolle. Die Quaste am Pürzel geht etwa bis zum Fersengelenk. Im Wildbret starke Stücke (> 60 kg) sind lebend nicht mehr als Überläufer anzusprechen und mit ausgewachsenen Sauen daher leicht zu verwechseln.

Bachen

Alte und besonders führende Bachen sehen noch bis weit in den Juni hinein schwarz aus, da sie oft noch volles Winterhaar tragen. Ihr Kopf und insbesondere das Gebrech wirken lang. Die Quaste ist deutlich zu sehen und geht je nach Alter über das Fersengelenk hinaus. Aufgrund ihrer energiezehrenden Mutterpflichten sind sie oft schmal und hochrückig wie ein Karpfen. Die Gesäugeleiste ist aufgrund der langen Striche deutlich zu erkennen. Führende alte Bachen haben erst im Spätsommer ihr Winterhaar völlig

▼ *Junge führende Bachen tragen frühzeitig im Sommer schon eine kurzborstige silberne Sommerschwarte.*

verloren und sind dann kurzborstig in der Schwarte. Der Körper wirkt lang, aber nicht schmal, der Kopf keilförmig mit »ewig langem« Gebrech. Am Pürzel »hängt« eine lange, aber dünne Quaste. Bei ausgewachsenen Bachen und jungen Keilern besteht in der Körperform wenig Unterschied. Das Gebrech erscheint im Winter aufgrund der starken Backenborsten breiter als in der Sommerschwarte.

Keiler

Der wirklich reife Keiler wirkt mit seinem stumpfen Körper, dessen Rückenlinie nach hinten abfällt, und den wulstig hochgeschobenen Oberlefzen deutlich kürzer, breiter und stärker als eine starke Bache. Das gesamte Gewicht scheint auf der kurz wirkenden Vorderhand zu liegen. Die Quaste am Pürzel gleicht einem dicken Büschel, das häufig bis weit über das Fersengelenk reicht – wenn der Pürzel nicht zuvor abgebissen wurde. Sowohl im Sommer als auch im Winter ist beim reifen Keiler im Gebrech zigarettenlang »Weiß« zu sehen, d. h., Haderer und Gewehre sind auch ohne Fernglas

▲ *Überläuferkeiler glänzen oft schon Anfang Juni in der kurzen Sommerschwarte, die einen sicheren Blick auf das Pinseldreieck gestattet.*

▼ *Alte und besonders führende Bachen tragen die langen, schwarzen Winterborsten deutlich länger als nichtführende Überläufer.*

▲ *Der reife Keiler zeigt im Gebrech zigarettenlang »Weiß«. Das Gewaff ist auch ohne Fernglas deutlich sichtbar.*

▼ *Gewaltige Wildbretmasse sagt nichts über das Alter eines Keilers aus – ohne die deutlich sichtbaren Waffen bleibt er zu jung!*

sichtbar – wenn die Gewehre nicht abgebrochen sind. Von hinten betrachtet, sieht sein Kurzwildbret wie ein unter den Pürzelansatz geklebtes Brötchen aus. Keiler ziehen bereits ab dem guten Überläuferalter, spätestens mit zwei Jahren stets einzeln. Überalterte Stücke verlieren extrem an Körpermasse und wirken oft vergreist. Jäger, die einen wirklich reifen Bassen in Anblick bekommen, werden ihn sofort als solchen erkennen.

Geschieht das erstmalig, kommt es nicht selten zu einem »Oha-Effekt« – denn erst jetzt sieht man im gedanklichen Vergleich zu jüngeren Keilern, was einen reifen Bassen ausmacht. Mehrjährige Keiler ziehen entweder einzeln oder zur Rauschzeit mit zeitlichem Abstand der Rotte nach und können – vorausgesetzt, der Jäger behält beim Ansitz die Nerven und schießt nicht gleich beim Erscheinen der Rotte – durchaus für ein nicht alltägliches Waidmannsheil sorgen.

Altersbestimmung am erlegten Stück

Am erlegten Schwarzwild muss man das Gebiss zur Altersbestimmung oder Altersschätzung heranziehen. Wildschweine besitzen als Allesfresser das umfangreichste Gebiss. Es beinhaltet in seiner Vollständigkeit 44 Zähne, im Unter- und Oberkiefer jeweils gleich viele auf jedem Kieferast, nämlich drei Schneidezähne, einen Eckzahn, vier Prämolaren und drei Molaren. Evolutionsbedingt ist der »rudimentäre« erste Prämolar (P 1) bei einigen Exemplaren bereits einseitig oder sogar beidseitig nicht mehr vorhanden. Da er sich von der geschlossenen Backenzahnreihe abhebt und separat zwischen dem Eckzahn und der durchgehenden Backenzahnreihe befindet, nennt man ihn auch »Lückenzahn«. Bis zum Alter von 24 Monaten lässt sich die Altersansprache anhand der Zahnentwicklung vom Milch- zum Dauergebiss exakt vornehmen. Obwohl sich so absolut fehlerlos eine Einstufung in Frischling (unter 12 Monate), Überläufer (12–24 Monate) und adultes Stück (über 24 Monate) vornehmen lässt, scheint die Altersansprache am erlegten Stück in der Jägerschaft weiterhin ein Problem zu sein. Das führt immer wieder zu einer falschen und damit für die Fragen nach Bestandsentwicklung und Altersstruktur unbrauchbaren Jagdstatistik! Dafür reichen die einfachen Betrachtungen der Entwicklung der Schneidezahnfront und der Backenzahnreihe (wurde M 3 bereits geschoben) vollkommen aus.

Frischling

Bis zum Alter von 10–12 Monaten sind die drei Schneidezahnpaare (i 1–3) Milchzähne. Die Milchzähne sind nicht nur wesentlich kleiner und schmaler als die späteren Dauerzähne, sondern zudem fast rund und von hellem Dentin. Sie werden deshalb auch als Rund- oder Stiftzähne bezeichnet. Im Alter von 9–10 Monaten wechselt der Frischling die Milchhaken (Eckzähne c), die als Milchzahn ebenfalls nur kleine Stifte sind und erst im Dauergebiss zu immer breiter werdenden Waffen/Haken heranwachsen. In der durchgehenden Backenzahnreihe ist beim Frischling als letzter Zahn nur der als erster Dauerzahn im Alter von 6–8 Monaten wachsende M 1 vorhanden. Sofern vorhanden, wächst beim Frischling ebenfalls mit 6–7 Monaten der »Lückenzahn« P 1 als Dauerzahn.

Überläufer

Der Wechsel der Schneidezähne erfolgt ab dem 10.–12. Monat überspringend von außen nach innen (I 3 – I 1 – I 2). Mit etwa 20 Monaten sind die inneren Schneidezähne (I 1) gewechselt und mit 22–24 Monaten in der Höhe gleichauf mit den anderen Schneidezähnen, sodass eine gerade Zahnfront erkennbar ist. Die vier jeweils mittleren Schneidezähne sind schaufelförmig (Meißelzähne) ausgebildet und mit einer in den Längsrillen dunkel gefärbten Säule versehen. Die äußeren Schneidezähne (I 3) bleiben deutlich kürzer und ähneln in der Form Rotwildgrandeln. Ebenfalls im Alter von 15–16 Monaten wechseln die Prämolaren zu Dauerzähnen. Jetzt wird aus dem dreiteiligen p 4 ein Dauerzahn (P 4) mit zwei Säulen. Im selben Alter bricht der zweite Backenzahn (M 2) als Dauerzahn durch und wächst hoch.

Adultes Stück – Bache/Keiler

Mit 24 Monaten ist das Dauergebiss komplett und die Zahnentwicklung zur Altersbestimmung abgeschlossen. Zur weiteren Altersschätzung zum mittelalten, alten und sehr alten Stück scheint auch beim Schwarzwild das Gesamtbild des Abnutzungsgrades der Backenzahnreihe am geeignetsten zu sein.

Auch wenn sich eine exakte Altersbestimmung an den als Trophäe geltenden Haken der Bache und den Keilerwaffen nach Abschliffffläche oder Brandt'scher Formel als nicht sehr zuverlässig erwiesen haben, gelten trotzdem die altersbedingten Formveränderungen an der Zahnwurzel bzw. Verengung der Pulpahöhle als Richtungsweiser für das Alter eines Wildschweins.

1 Frischling, etwa 8 Monate: Schneidezähne sind als Milchzähne komplett vorhanden.

2 Im Alter von 6–8 Monaten bricht der sogenannte »Lückenzahn« P 1 durch das Zahnfleisch.

3 Milchhaken (Eckzähne) werden erst mit 10–12 Monaten gewechselt.

4 Der letzte Prämolar P 4 ist als Milchzahn mit drei Säulen ausgestattet.

5 Mit 6–8 Monaten erscheint der erste Backenzahn M 1 als Dauerzahn. Auf dem Bild ist er jeweils der letzte in der durchgehenden Backenzahnreihe.

6 Mit etwa 13–16 Monaten beginnt ein Überläufer die mittleren Schneidezähne zu wechseln. Der Blick auf die Schneidezahnfront zeigt deutlich die ungleiche Höhe der zu unterschiedlichen Zeiten gewechselten Schneidezähne.

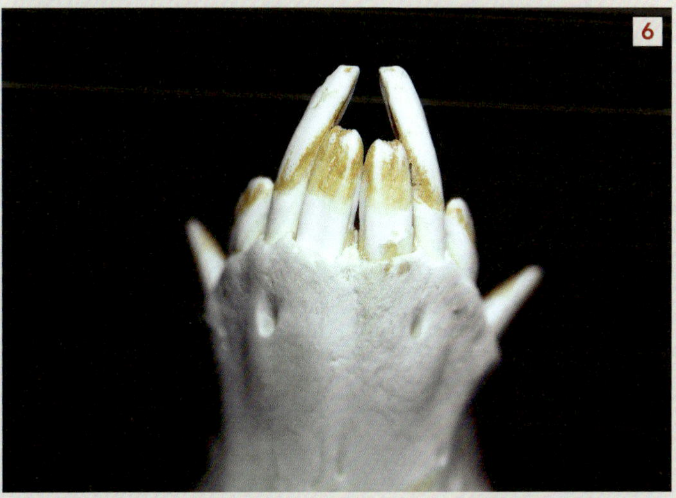

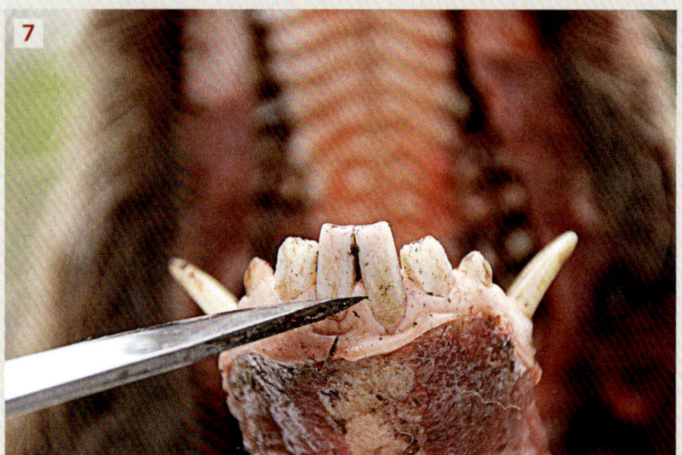

7 Zeigt die Schneidezahnansicht eine Keilform, handelt es sich auch um einen Überläufer. Dieser Überläuferkeiler dürfte ein Alter von etwa 20–22 Monaten haben.

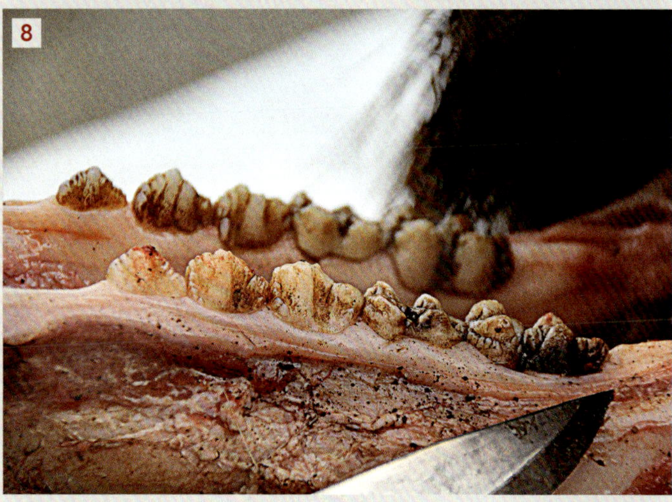

8 Typisch für einen Überläufer im Alter von etwa 12–22 Monaten ist der M 2 als vorerst letzter Zahn in der Backenzahnreihe.

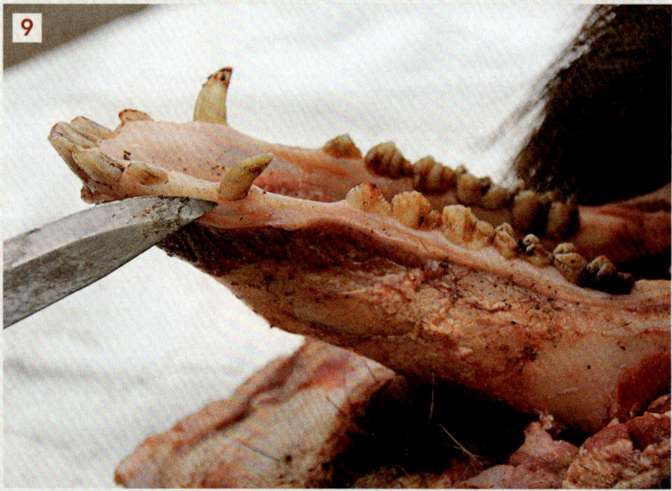

9 Die Milchwaffen tauscht der Frischling bereits mit 10 Monaten. Beim Überläufer schieben sie als zierliche Waffen nach und beginnen, Dentinfarbe anzusetzen.

10 Eine gerade 2 Jahre alte Bache. Die Prämolaren sind bereits seit Längerem (als Überläufer mit 14–16 Monaten) gewechselt und die Dentinfarbe bereits angeglichen. Der P 4 hat nur mehr zwei Säulen.

11 Der letzte Backenzahn M 3 bricht mit etwa 24 Monaten durch. Sehr oft bleibt der hintere Abschnitt des M 3 aber noch für eine gewisse Zeit vom Zahnfleisch bedeckt. Hier bricht er gerade ganz durch, die Zahnfleischlinie steht noch sehr hoch am M 3.

12 Im Alter von etwa 22–24 Monaten sind die gewechselten Schneidezähne hochgewachsen und bilden eine gerade Schneidezahnfront. Sie zeigen mit 2 Jahren aber noch keine Anzeichen von Abnutzung.

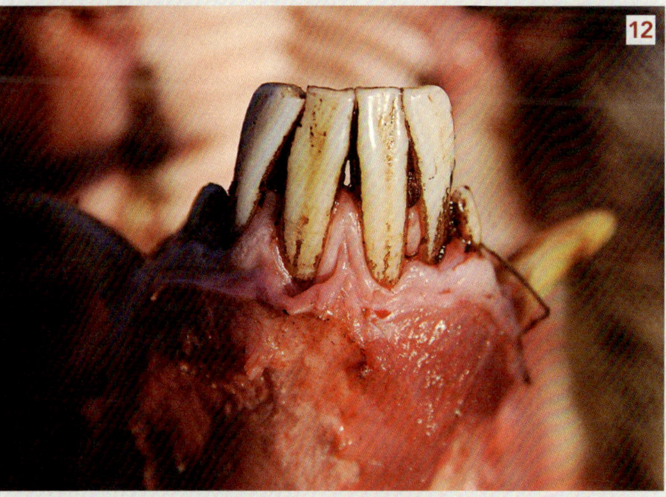

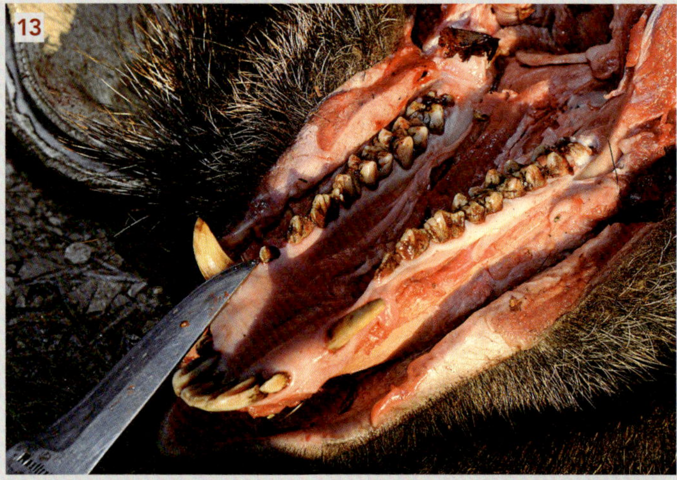

13 Der sogenannte »Lückenzahn« P 1 ist im kompletten Schwarzwildgebiss beidseitig vorhanden. Als rudimentärer Zahn jedoch kommt es vor, dass er einseitig oder sogar beidseitig fehlen kann.

14 Bei diesem jungen Keiler ist der M 3 bereits komplett hochgewachsen und die Dentinfarbe angepasst. Eine Abnutzung der Zähne liegt noch nicht vor. Er ist somit 2–3 Jahre alt.

15 Die Backenzahnreihe eines mindestens 7-jährigen, möglicherweise noch älteren Keilers.

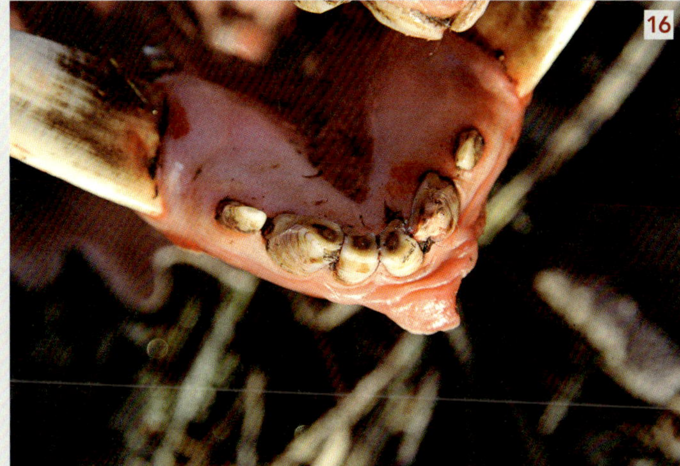

16 Auch die starke Abnutzung an der Schneidezahnreihe ist deutlich zu erkennen.

17 Die Länge der Schleiffläche ist kein Altersmerkmal, sondern ist bedingt durch die Stellung der Haderer zu den Gewehren. Sie gilt wissenschaftlich als sehr ungenau.

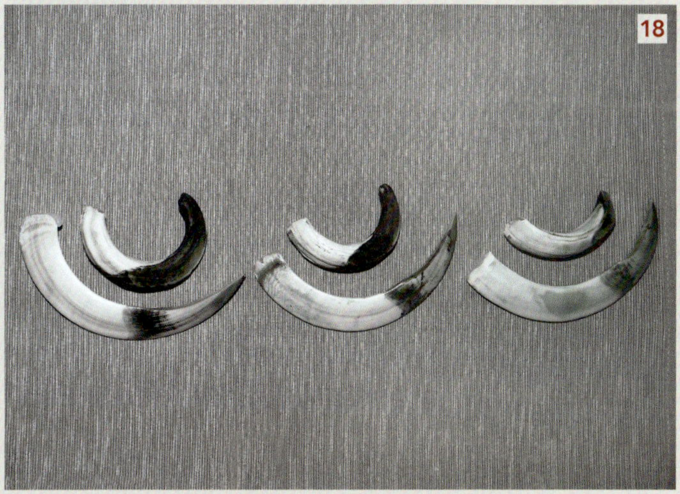

18 Altersschätzung an den Waffen eines Keilers (v. r.): junger Keiler (etwa 2 Jahre) – mittelalter Keiler (etwa 4 Jahre) – reifer Keiler (über etwa 8 Jahre). Man beachte sowohl bei den Gewehren als auch noch deutlicher bei den Haderern die mit dem Alter zunehmende Krümmung sowie die Verjüngung des Durchmessers hin zur Wurzel.

WO STECKEN WELCHE SAUEN WANN?

Schwarzwild gilt als unstet. Es hat ein ausgeprägtes Raum-Nutzungsverhalten und besiedelt zunehmend neue Lebensräume. Allerdings hat die Wissenschaft dank Telemetrie festgestellt, dass ein Großteil der sozial organisierten Sauen recht standorttreu ist.

»WOHNORTWECHSEL« IM JAHRESVERLAUF

Im Jahresverlauf haben Schwarzkittel unterschiedliche Lebensweisen. Je nach Witterung, Deckung, Fraßangebot und Störung halten sie sich an verschiedenen Orten mit unterschiedlichem Deckungscharakter auf. Das Wetter hat einen besonderen Einfluss auf das Wechselverhalten von Schwarzwild. An heißen, trockenen Tagen, an denen zudem kaum ein Lüftchen geht, liegen sie in kühlen Einständen. Nahe gelegene Feuchtstellen werden bevorzugt aufgesucht. Ansonsten sind sie wenig aktiv. Steht ein deutlicher Wetterwechsel mit Windänderungen bevor, wechseln Sauen den Einstand. Sie tauchen unter Umständen dort auf, wo man sie länger nicht bestätigt hat.
Folgt auf konstant gutes Wetter eine Regenphase, sind sie nicht selten bereits ein, zwei Tage zuvor frühzeitig aktiv. Bei sehr starkem Wind bleiben Sauen in den windgeschützten Einständen. Hat es um Vollmond eine gleichmäßig geschlossene, aber dünnere Bewölkung und regnet es leicht, ist es das ideale Jagdwetter. Sauen sind dann gerne unterwegs. Der Mond sorgt für ausreichendes, gleichmäßiges Licht (kein Schattenwurf) zum Ansprechen und zur Schussabgabe.

Im Winter, bei starkem Frost oder Eis und erstem Schnee, tauchen Sauen regelrecht ab. Man gewinnt über Tage den Eindruck, es gebe kein Schwarzwild mehr im Revier. Wir Jäger wissen selbst, wie laut das Gehen auf überfrorenem Laub oder auf vereisten Wegen ist. Sauen mögen das gar nicht. Erst nach Tagen, wenn der Hunger zu groß wird, fangen sie an, vorsichtig zu ziehen. Sobald es aber taut, werden sie aktiv und begeben sich auf Fraßsuche unter Mastbäumen, an Kirrungen und besonders gerne auf solchen

Feldern, wo Landwirte Rückstände von der Maisernte unbedacht in den Boden eingearbeitet haben. Jäger, die das alles im Jagdjahr einzuschätzen wissen, stellen ihre Jagdstrategie darauf ab und können mehr Beute machen. Grundsätzlich ist immer der Wind zu beachten. Ohne guten Wind kein Jagderfolg!

Mit dem 1. April beginnt ein neues Jagdjahr. Abhängig von der Höhenlage des Reviers und dem dortigen Winterverlauf sprießt im April und Mai die Vegetation. Naturverjüngungen in Laubwäldern werden zunehmend dichter und bieten Sauen optimalen Einstand. Auf landwirtschaftlichen Nutzflächen wächst das Wintergetreide. Andere Felder wurden und werden mit Mais, Kartoffeln, Rüben und Sommergetreide bestellt.

Erfahrene Jäger wissen, dass seit dem Ausbleiben harter Winter in Verbindung mit der Zunahme von Baummast (Eicheln, Bucheckern) sowie des Maisanbaus und einer mitunter übertriebenen Fütterung weibliche Sauen (selbst Frischlinge) ganzjährig frischen. Dennoch werden vor allem von älteren und alten Bachen nach wie vor die meisten Frischlinge zwischen März und Juni in Wäldern, in dichten, größeren Feldgehölzen, in undurchdringlichen, verwilderten Dornenverhauen oder auch in trockenen Schilfpartien und in mit Chinaschilf bewachsenen Flächen gefrischt.

Haben die Neugeborenen den Wurfkessel verlassen, bewegen sich ihre Mütter mit ihnen zunächst auf kleinem Raum. Mit zunehmendem Alter der Frischlinge werden die Ausflüge größer. Der Nachwuchs lernt attraktive Fraßplätze kennen, die er später auch ohne Führung durch die Bache aufsucht. Der vorherige, vor allem männliche Nachwuchs vagabundiert alleine oder in kleinen Rotten mitunter weiträumig umher. Übrigens, das können nach dem 1. April sowohl noch Frischlinge als auch bereits Überläufer sein (ein Blick auf die Schneidezähne und einen Unterkieferast verrät es uns). Junge, führungslose Sauen sind aufgrund ihrer Unerfahrenheit nicht selten bei noch gutem Licht an Kirrungen und auf soeben erst – insbesondere mit Mais – bestellten Feldern anzutreffen. Frisch bearbeitete Böden üben einen besonderen Reiz auf Sauen aus. Gleiches tun Maiskolben, die als Ernterückstände nachlässig vom Landwirt in den Boden eingearbeitet wurden. Solche Felder sind ebenso ein Magnet für Sauen und werden umgewühlt. In der Folge von Waldmast fallen Sauen über Grünland her, wo Würmer, Engerlinge und Käfer eiweißreichen Fraß bieten. Solchen finden sie ebenso in Randbereichen von Schilfzonen und Seen.

◀ *Die Haupteinstände von Schwarzwild befinden sich bevorzugt in großen Mischwäldern. Dort haben sie Deckung und Ruhe, während des ganzen Jahres ausreichend Fraß und zum weiteren Wohlbefinden natürliche Wasserläufe oder Feuchtstellen.*

▼ *Ideale Dickung. Unter der Leitungstrasse wird das wertlose Laubholz kurz gehalten und nach dem Schnitt liegen gelassen.*

▲ *In größeren Wäldern mit ruhigen Einständen sind führende Bachen mit ihren sehr jungen Frischlingen bereits oder noch bei Tageslicht unterwegs.*

Weibliche Überläufer schließen sich nach kurzer Zeit ihren Mutterbachen mit den diesjährigen Frischlingen an und bilden eine Familienrotte. Mehrjährige Keiler ziehen im Frühjahr und Sommer überwiegend alleine. Da allerdings heutzutage die Paarungsbereitschaft nicht mehr streng in das Monatsraster November/Dezember fällt, kommen vor allem »stramme« Frischlingsbachen und Überläuferbachen auch innerhalb eines Jahres in die Rausche. Und dann sind auch Keiler bei einer Rotte anzutreffen.

Zunehmend gerne steckt sich Schwarzwild in Waldeinständen, die aufgrund der kurzen Wege nahe zu attraktiven Feldfrüchten gelegen sind. Haben diese dann selbst Deckungscharakter erreicht, schieben sich nicht wenige Schwarzkittel auch dort ein. Vor allem größere Rapsfelder werden, je nach Wuchshöhe, bereits ab Anfang Mai als Tageseinstand gewählt.

Bis zur Rapsernte bleibt das zumeist so. Je nach Region werden ab Ende Mai zunehmend auch Mais-, hochwüchsige Roggen- und Triticale- oder Weizenfelder von Sauen bezogen. Sie leben darin wie die Made im Speck.

Vor allem laktierende Bachen mit Frischlingen und Überläuferrotten halten sich gerne im Raps und später im Mais auf. Sowohl beim Abend- als auch beim Morgenansitz können Sauen bei guten Lichtverhältnissen in Anblick kommen. Bachen mit ihrem Nachwuchs werden zeitig rege. Vorsicht und genaues Ansprechen sind daher geboten! Das macht die hohe Vegetation nicht einfacher. Die Rottenstrukturen ändern sich bis Ende Juni zumeist nicht. Wohl aber können die Familienverbände wachsen, wenn sich führende Bachen samt Frischlingen und der vorjährige weibliche Nachwuchs in Rotten zusammenfinden. Überläuferkeiler werden meistens nicht mehr im Verband geduldet.

▲ *Störungsfrei gelegene größere (feuchte) Schilfgürtel sind ideale »Wohnstätten«. Sauen schieben sich dort auf trockenen Erhöhungen ein.*

Grundsätzliches zu Einständen in den Wäldern

Diese haben sich seit Jahren verändert. Dass Sauen sich untertags bevorzugt in Fichtendickungen einschieben, trifft nur mehr dort zu, wo es keinen anderen Unterwuchs gilt. In Mischwäldern stecken die Schwarzkittel sehr häufig in dichten Naturverjüngungen (von Laub- und Nadelbäumen) und in aufgeforsteten Eichen-, Buchen- oder auch Erlenjungbeständen. Sofern solche Flächen mit einem nicht wilddichten Zaun umgeben sind, drücken sich Sauen gerne unter dem Zaun durch. In solchen Aufforstungen sind sie ungestört, da über einige Jahre meist kein Mensch dort hineinkommt. Selbst unter großflächigen Wurzeltellern umgestürzter Bäume und in wenige Quadratmeter großen Brombeerverhauen können Sauen stecken. Sogar in relativ offenen Laubholzbeständen bauen sich Sauen ihren Kessel – was anlässlich von Drück- und Bewegungsjagden für Überraschung sorgen kann.

Innerhalb ihres Streifgebiets ist die Wahl des Einstands von zahlreichen Faktoren abhängig.

- Ruhe und Sicherheitsgefühl
- Nähe zu attraktiven Fraßplätzen
- Nähe zu Feuchtstellen
- Witterung (Wärme, Trockenheit, Nässe)
- Windrichtung und -stärke

Verschiedene Umstände bewirken beim Schwarzwild nicht selten den Umzug in einen anderen Einstand: Wird es im Juli heiß und trocken, verlassen Sauen die deckungsreichen Feldeinstände und wechseln in kühlere, wassernahe Einstände wie Schilf, Bruchwälder und auch Sölle. Mit Ausnahme von Bachen mit noch sehr kleinen Frischlingen werden sogar altbekannte Einstände in großen Waldungen verlassen, wenn es dort in langen heißen, trockenen Perioden kein Wasser gibt und zudem die Suhlen ausgetrocknet sind.

Manche Pächter werden erstaunt sein, dass sie in ihrem »feuchten« Revier plötzlich regelmäßig Schwarzwild spüren und erlegen, wo dieses doch ansonsten nur als gelegentliches Wechselwild vorkommt. Etliche Sauen dürften dann nicht in ihren »Heimatwald« zurückkehren …

Von zahlreichen passionierten Schwarzwildjägern bekommen nur wenige einen wirklich reifen, schwergewichtigen Keiler schussgerecht vor die Büchse. Die erfahrenen Bassen sind nicht umsonst alt geworden. Doch sind vor allem Weizen-, Hafer- und Maisfelder in der Milchreife, so üben diese auch auf den noch so vorsichtigen Keiler eine enorme Anziehungskraft aus. In den kurzen Sommernächten können sie schon einmal die Vorsicht vergessen und kommen insbesondere am frühen Morgen, mit Glück sogar bei Tageslicht in Anblick.

In abwechslungsreich strukturierten (Misch-)Wäldern leben zahlreiche Sauen auch während der Sommermonate. Sie finden dort allerlei pflanzlichen und tierischen Fraß. Wie zuvor erwähnt, ist Wasser im Revier von großer Bedeutung. Die Schlammzonen in Randbereichen von beispielsweise Himmelsteichen, Suhlen, Wasser führenden Gräben und anderen Feuchtstellen werden an warmen und heißen Tagen sehr gerne aufgesucht.

▼ *Enorm wichtig sind im Einstand oder unweit davon ungehindert erreichbare Suhlen. Diese werden regelmäßig angenommen.*

Sind im August Raps- und Getreidefelder abgeerntet, »verziehen« sich Sauen – wenn nicht bereits zuvor geschehen – in größere Maisschläge. Dort ist reichlich Deckung geboten und der Fraß ist verlockend. Auch suchen Sauen auf Stoppelfeldern mit Vorliebe nach Getreidekörnern und Mäusenestern. Leider bleiben Stoppeln heutzutage aufgrund der intensiven Landwirtschaft kaum noch stehen. Sie werden gleich nach der Ernte umgebrochen und die Flächen neu eingesät. Ist es kurz vor Vollmond, bitten wir den Landwirt, damit ein paar Tage zu warten.

Die Rottenstrukturen verändern sich gegenüber den beiden Vormonaten nicht. Zur Blattzeit haben die im März oder April geborenen Frischlinge zumeist die Streifen auf der Schwarte verloren und ihr Wildbret ist bereits verwertbar. Überläuferkeiler ziehen um diese Zeit alleine oder in kleinen Verbänden umher. Ältere Keiler sind weiterhin unstete, heimliche Einzelgänger. Nur mit einer gehörigen Portion Glück wird man einen sehen.

▲ *Bereits vor der Milchreife stellen sich Sauen gerne in hochwüchsigem Getreide (hier Roggen) ein.*

▼ *Mais bietet Deckung und Fraß. In großen Schlägen lässt sich auf – idealerweise gemulchten – Bejagungsschneisen Beute machen.*

▲ *Setzt nach tagelangem Frost Tauwetter ein, sind die Schwarzkittel frühzeitig in den Einständen rege.*

Mitte bis Ende September beginnt je nach Region die Ernte des Silomaises für die Fütterung oder des Energiemaises für Biogasanlagen. Von nun an zieht sich Schwarzwild nach und nach in die Wälder zurück. Dagegen können Felder mit Körnermais weiterhin Einstand bieten. Anders sieht es aus, wenn in Jahren mit Waldmast bereits im September die ersten Eicheln zu Boden fallen. Dann gibt es kein Halten mehr und Sauen ziehen sich in die Waldeinstände zurück. In Maisfeldern werden sie sich kaum noch stecken. Eicheln gehören neben Bucheckern (fallen in der Regel ab Oktober) zur bevorzugten Nahrung von Schwarzwild. Die Fraßschäden im Mais bleiben zwar jetzt schlagartig aus, dafür kommt es nun zu Wühlschäden im Grünland. Das Schwarzwild ist jetzt unstet, ist kaum zu spüren und nimmt so gut wie keine Kirrungen an. Wenn im Oktober der Herbst deutlich Einzug hält und es damit verbunden kälter wird, kann es vor allem bei zu Unzeiten gefrischten Frischlingsbachen zur ersten Rausche kommen. Folglich stellen sich Keiler zu solchen Rotten. Solange durch die Natur und ebenso die Kirrung attraktiver Fraß im Einstandsgebiet geboten ist, wechseln Sauen nicht anderswohin.

Ab Oktober/Anfang November bis Ende Januar ändern sich die Rottenstrukturen ständig. Diese werden aber nicht nur durch Alter und Geschlechter der Sauen beeinflusst. Die ab dem Herbst intensivierte Bejagung bei Gesellschaftsjagden und auf der Einzeljagd in den Vollmondphasen kann die so wichtigen Sozialstrukturen ordentlich aufreißen. Wegen der zunehmenden und örtlich auch unerwünschten Schwarzwildvorkommen lassen Revierverantwortliche Leit- und führende Bachen erlegen, weil der »stramme« Nachwuchs einer Führung nicht mehr bedürfe. Insbesondere in Schwarzwildkernrevieren lässt sich eine solche Freigabe nicht nachvollziehen. In der Folge sind vermehrt Frischlingsrotten zu beobachten, die sich in jeder geeigneten Deckung innerhalb des von der Mutter erlernten Streifgebiets einschieben. Man trifft nun aber auch auf alleine oder in sehr kleinen Verbänden ziehende, nicht mehr führende Bachen. Deren Frischlinge wurden bereits erlegt. Des Weiteren sind nahezu intakte Familienverbände und Überläuferrotten unterwegs. Mit denen ziehen zunehmend junge und mehrjährige Keiler – es ist Rauschzeit.

An richtig kalten, aber sonnigen Wintertagen liegen Sauen bevorzugt in sonnseitigen, lichten Beständen oder stecken in südseitig gelegenen aufgelassenen, verwilderten Weinbergen, in mit Brombeeren durchsetzten hohen Altgrasflächen, in Ginsterverhauen oder sogar in Feldern mit standfester Winterbegrünung (z. B. in mehrere Hektar großen Senfschlägen, bis Frost oder Schnee die Stängel niederdrückt). Bei und nach stärkerem Schneefall liegen sie gerne geschützt in Fichtendickungen. Taut es und der Schnee rutscht oder fällt von den Bäumen, sind sie eher in lichteren Baumbeständen zu finden. Bei hohem Jagddruck in größeren Waldgebieten schieben sich Sauen gerne in größeren, ruhig gelegenen Feldgehölzen ein.

Aus wissenschaftlichen Studien mit durch Sender markierten Wildschweinen ist bekannt, dass nach Drückjagden Rotten nur wenige Tage später, wenn nicht sogar in der gleichen Nacht, in die Einstandsreviere zurückkehren. Sogar Kirrungen werden wieder angenommen. Anders kann es aussehen, wenn ab Spätherbst und über den Winter zunehmender Druck aufgrund mehrfacher Gesellschaftsjagden im gleichen Einstandsgebiet ausgeübt wird. Manches Schwarzwild verlässt dann sein angestammtes Gebiet und wandert mitunter sogar für etliche Wochen in ruhigere Randgebiete ab.

Zum Ende der Drückjagdsaison sollten vielerorts die Sauenbestände reduziert sein. Die zumeist deutlich kleiner gewordenen Rotten setzen sich aus Bachen, Überläufern und Frischlingen zusammen. Überläuferrotten kommen ebenso vor.

▲ *Es ist ein Irrglaube, dass sie nur in Dickungen im Kessel liegen.*

Ältere Keiler stehen bei der Rotte, wenn sich darin eine rauschige Bache befindet. Ansonsten sind sie wieder Einzelgänger.

Im Februar und März sondern sich Bachen zum Frischen von der Rotte ab oder haben sogar bereits gefrischt. Erhöhte Vorsicht ist daher ab dieser Zeit bei allein ziehenden Sauen geboten.

Ihr vorheriger Nachwuchs bleibt zusammen und streift in Frischlingsrotten umher. Sie sind unerfahren und bereits früher am Abend auf den Läufen. Auch Überläuferkeiler vagabundieren nun umher. Nach längeren Frostphasen ist Schwarzwild ab März wieder häufiger in der Feldflur anzutreffen. Es bricht auf der Wintersaat nach Ernterückständen im Boden oder im Grünland nach tierischem Eiweiß. Die Einstände befinden sich zum Winterausgang nach wie vor überwiegend in Nadelholz-Dickungen und Laubholz-Naturverjüngungen der größeren Waldgebiete.

OPTIMIERTER LEBENSRAUM – BESSERE STRECKEN

Nur wenn sich Wildtiere in ihrem Lebensraum wohlfühlen, sind sie dort verlässlich anzutreffen. Bei vertrautem Wild erzielen Jäger mit durchdachten Bejagungsstrategien – ohne Dauerjagddruck – effektivere Strecken. Bekanntlich ist Schwarzwild extrem lernfähig. Kleinste gestalterische Maßnahmen in Form von Deckung, Äsungsverbesserung und Ruhezonen nimmt es dankbar an. Solche konstruktiven Förderungen im Lebensraum der Sauen zielen nicht darauf ab, eine weitere – oft sogar unkontrollierte – Vermehrung des Schwarzwildes voranzutreiben. Im Gegenteil: Während der wildschadensträchtigen Vegetationszeit gelingt es dem Revierverantwortlichen so, das Schwarzwild abzulenken und im Einstand fernab der Feldfrüchte zu beschäftigen.

◀ *In vergrasten Kulturflächen wählen die Sauen ihre Kessel am Stamm dichter Forstpflanzen oder unter Brombeerranken. Mit abgerissenem Waldreitgras polstern sie die Unterlage dicht aus.*

Die über das Jahr erreichte Vertrautheit und Einstandstreue führt letztlich dazu, dass es zu den herbstlichen Bewegungsjagden dort auch anzutreffen ist. Nur so kann eine effektive Bestandsreduktion und ein für die Population zielführender Eingriff in die Rotten – und damit bei der an der Reproduktion am meisten beteiligten weiblichen Jugendklasse – erfolgen. Schwarzwild wird gerne nachgesagt, es sei unstet und würde in so mancher Nacht kilometerlange Wanderungen unternehmen. Das mag dort zutreffen, wo es für diese Wildart weder ruhige Tagesruheplätze noch ausreichend Fraß zu finden gibt. Wer hingegen Sauen in den ihnen zusagenden Lebensräumen beobachten kann, weiß, dass sich vor allem Rotten oft nur auf wenige Hektar großen Flächen bewegen. Den einmal gewählten Einstand verteidigt die angestammte Rotte sogar energisch gegen arteigene Eindringlinge.

Wichtige Strukturelemente

Schwarzwild ist als Bewohner dichter, unzugänglicher Deckung bekannt. Es hat ein hohes Sicherheitsbedürfnis und bevorzugt Einstände, die besonders für ihre Feinde – zumeist der Mensch – nahezu undurchdringlich sind. Ruhekessel legen sie so an, dass Störungen jederzeit früh erkannt werden. Obendrein fühlen sie sich dort auch jedem Eindringling weit überlegen und verteidigen sich im Ernstfall solange vehement, bis der Feinddruck übermächtig wird. Sauen mögen zwar wärmende Sonnenstrahlen, meiden aber jahreszeitlich überwiegend dürre Standorte. Wasser und Feuchtigkeit sind für sie lebensnotwendig. Das Wühlen und Suhlen im weichen, feuchten Erdreich oder wässrigen Schlamm hat nicht nur bei der Nahrungssuche einen großen Stellenwert, sondern dient auch der Körperpflege, zur Abkühlung und zum Schutz vor Parasiten. Die Bedeutung von Wasser wird vielleicht noch anschaulicher, sofern man weiß, dass Schwarzwild in heißen Sommern ganze Landstriche für Wochen verlässt, wenn das notwendige Nass nicht mehr da ist. Sauen bevorzugen eher schlammige Flachwasserbereiche wie überschwemmte Erlen- oder Weidenbrüche. Mit Gräben und Tümpeln durchzogene Quellbereiche sind viel besser als tiefgründige Seen oder schnell fließende Bäche und Flüsse. Dort finden sie auf kleinstem Raum den von ihnen bevorzugten dichten Unterwuchs in Form von Schilfhorsten, einer üppigen Krautflora, Brennnesselhorsten und immer wieder raumgreifenden Einzel- oder Gruppenwürfen von Waldbäumen, unter deren Schirm sie ihre Kessel anlegen.

▼ *Weiden und Erlen werden nur angesägt und dann geknickt. So gelingt es dem Jäger fürs Erste, den Sauen eine brauchbare Deckung zu schaffen.*

Der Jäger kann solche Standorte im Waldrevier suchen. In der Regel sind sie für die intensive Forstwirtschaft eher uninteressant. Nach Rücksprache mit dem Waldeigentümer oder Bewirtschafter kann dort ein Dorado für Sauen entstehen. Mangelt es noch an ausreichend dichten Partien, kann der Jäger durch gezielt übereinandergeworfene Erlen oder Weiden potentielle Kessel anbieten. Auf den entstehenden lichten Stellen erwärmt die Sonne punktuelle Bereiche. Das mögen Sauen sehr. Zudem regt diese Maßnahme den Wuchs von hohem Kraut, Stockausschlägen und vorhandener Naturverjüngung sprunghaft an. Die zu fällenden Stämme sollten nicht ganz durchgesägt werden, sondern an einer Fahne mit dem Wurzelstock verbunden bleiben. Sie werden also nur angesägt und dann umgedrückt. So werden sie weiterhin mit Wasser versorgt, sterben nicht ab, sondern bilden am komplett quer liegenden Stamm Wasserreiser, die den Stockhaufen am Leben halten. Dem Niederwildjäger ist das Verfahren als »Weidenheger« geläufig, erfüllt aber auch im Schwarzwildrevier seine Aufgabe perfekt.

Im Rahmen einer regulären forstlichen Bewirtschaftung hingegen sind den meisten Jagdpächtern die Hände gebunden. Die aktive Gestaltungsfreiheit im Zuge forstlicher Vorgänge liegt beim Waldeigentümer oder Nutzungsberechtigten. Allerdings kann ein dafür zuständiger Revierbeamter durchaus forstliche Maßnahmen so steuern, dass sich Schwarzwild alsbald heimisch fühlt. Wenn Forst und Jagd in einer Hand liegen oder zumindest gemeinschaftliche Zielsetzungen verfolgen, kann vielleicht auch vom Jagdpächter der eine oder andere Wunsch in der forstlichen Planung Berücksichtigung finden und so für Wald und Wild zufriedenstellend sein.

▼ *Sauen nehmen dichte Verjüngungshorste im Laubwald nur im Sommer an. Um die Sauen im Winter zu binden, muss sich der Jäger etwas einfallen lassen.*

Schwarzwildeinstände im Waldrevier selbst gemacht

- Inselartiges Einbringen von Nadelholz in Laubholzbeständen
- Frühe Pflegemaßnahmen im Nadelholz mit Kappen der zu selektierenden Bäume in Hüfthöhe (wachsen mit Reisigdach dicht weiter)
- Anlage von Forstgattern mit Sauklappen (bei anderem Hochwildvorkommen)
- Förderung von Schwarzdorn, Brombeeren und Wildrosen (Art *Rosa multiflora*) an Terrassen und alten Weinbergen
- Anlage von Ginsterflächen (Sandgruben, Lichtleitungen, Holzplätze)
- Förderung von Schilfbeständen an Gewässern (Fällung von beschattenden Randbäumen)
- Anhäufen von sperrigen Laubholzkronen (bilden mit Brombeere bald dichte Kessel)
- Saat von Sudangras oder Pflanzung von Chinaschilf auf größeren (ca. 1 ha) momentan ungenutzten Freiflächen im Wald
- Anlage von Sauhütten in Stangenhölzern

In vielen Waldrevieren ist der seit rund zwanzig Jahren flächig angestrebte Waldumbau bereits von Erfolg gekrönt. Der ehemalige Altersklassenwald ist Geschichte. Mehr und mehr erkennen wir einen dem Plenterwald ähnlichen Typ mit unterschiedlich alten Wachstumsstufen und einer hohen Artenvielfalt. Was für die Biodiversität von großem Vorteil ist, erschwert die momentan notwendige starke Reduktion der Schwarzwildbestände für den Jäger gewaltig. Früher steckten die Sauen ausschließlich in den wenigen, Deckung bietenden Fichtendickungen und konnten gezielt bejagt werden. Heute finden sie flächige Möglichkeiten, ihre Kessel anzulegen.

Die Bejagung bei der Einzeljagd muss sich auf wenig Schussfeld bietende Hotspots an Kirrungen oder Wegen begrenzen. Für Erfolge bei der Bewegungsjagd fehlen auf diese Weise nicht nur mit genügend Schussfeld versehene Standorte für Drückjagdstände, sondern solche Waldstrukturen ermöglichen den Sauen obendrein zunehmend, das Treiben über Deckungsbrücken ungesehen zu verlassen. Zudem fühlt sich das Schwarzwild in der reichhaltigen Naturverjüngung sicher, sodass es nur unter Einsatz entsprechender »Manpower« in Form von Stöberhundegespannen und massivem Druck in Bewegung kommt. In der aktuellen Situation (wachsende Wildschäden, Bedrohung durch ASP) sind keine jagdlichen Erlebnisse, sondern die wirksame Reduktion der gesamten Schwarzwildbestände gefragt.

Aber es gibt durchaus noch Landstriche, die trotz erheblicher Schwarzwildbestände deckungsarme Wälder zu bieten haben. Dort sind und bleiben streckenreiche Bewegungsjagden stets ein Roulettespiel. Für diese Standorte sollte es sich indes besonders lohnen, mit einem gerechtfertigten Aufwand Deckungsstrukturen zu schaffen, die später gezielt aufgesucht werden. Bleiben die »Schwarzwild-Wohnzimmer« von ihrer Größe her überschaubar und dazu inselartig verteilt auf der Fläche, nehmen sie übers Jahr die einzelnen Rotten auf, sozialer innerartlicher Stress wird so gesenkt. Anlässlich der wenigen Bewegungsjagden sind die Sauen nicht nur sicher im Treiben, sondern lassen sich mit einem vertretbaren Aufwand treiben und vor die Schützen bringen. Dann kann davon ausgegangen werden, dass der jährliche Zuwachs erlegt wird oder sogar reduzierend in den Grundbestand eingegriffen werden kann.

▲ *Dichte Schwarzdornhecken werden immer von Sauen aufgesucht. Sie vermehren sich schnell über Wurzelausläufer und besiedeln rasch aufgelassene Weinberge oder ähnlich sonnige Standorte.*

Verlockender Fraß bindet

Schwarzwild ist als Allesfresser eine anpassungsfähige Wildart. Es stellt sich als Nahrungsgeneralist regional und saisonal auf leicht zu findenden Fraß ein. Im Frühjahr bilden neben eiweißreichen Pflanzen insbesondere Lurche, Insekten, Mäuse und Jungwild einen reich gedeckten Tisch, um die für die Aufzucht von vielen Frischlingen notwendige Milch zu produzieren. Im Sommer überwiegt die Aufnahme von stärkehaltigen Getreide- und Maiskörnern neben Obst. Im Herbst bis weit in den Winter hinein zehren die Sauen von der energiereichen Waldmast in Form von Eicheln und Bucheckern und dem ein oder anderen Stück Fallwild.

▼ *Noch im Stangenholzalter nehmen die Sauen ihre Kessel unter dem Reisig herausgepflegter Bäumchen an.*

▼ *Wo im Wald wegen Verbissdruck mit Kulturzäunen gearbeitet werden muss, kann der Jäger mit wenigen Sauklappen diese dichten und beruhigten Einstände speziell für die Sauen über Jahre erschließen.*

Für den Waldjäger stellt vor allem das Zeitfenster Herbst und Winterbeginn eine Besonderheit dar. Schließlich strebt er für die dann angesetzten Bewegungsjagden seine jagdliche Ernte an. Neben den oben erwähnten gern besuchten Schwarzwildeinständen darf vor Ort eine gern angenommene natürliche Nahrung nicht fehlen. Regional wirkt eine gute Mast sogar als Magnet auf umliegende Schwarzwildbestände und führt zu kurzzeitigem Zuzug sowie verlässlicher Bindung der Sauen im Revier. Nahezu zeitgleich beginnt die Rauschzeit. Wer jetzt durch attraktive Einstände und flächigen natürlichen Fraß das Schwarzwild binden kann, hat nun obendrein reelle Chancen auf gute Trophäenkeiler. Sie stellen sich vermehrt zu den Rotten ein.

▲ *Maronen werden vom Schwarzwild gierig aufgenommen, Rosskastanien hingegen gar nicht.*

▼ *Zur Zeit der Obstreife tummeln sich Sauen bereits frühzeitig unter den Pflaumenbäumen. Zwetschgen, Mirabellen, Kirschpflaumen und andere Großpflaumen sind gleichwertig beliebt.*

Eine der wichtigsten forstlichen Maßnahmen für eine Lebensraumverbesserung stellt die flächige Förderung von Mast tragenden Baumbeständen dar. In Mastjahren ernährt sich Schwarzwild laut Wissenschaft von Oktober bis März zu rund 80 Prozent von Eicheln und Bucheckern. Für unsere Zielsetzung zur Förderung der Waldmast sind die alten Eichen- und Buchenüberhälter von unschätzbarem Wert. Ihr freier Standraum lässt sie deutlich häufiger und meist auch stärker fruktifizieren als vergleichbare Bäume in geschlossenen Beständen. Zudem befinden sich unter ihnen normalerweise bereits in Verjüngung stehende Bestände, die den Sauen zusätzlich dichte Einstände bieten. Bei Absprache mit der Forstabteilung sollte unsere Argumentation dahin führen, dass möglichst viele alte Überhälter verteilt über die zukünftigen Einstände vor der Räumung festgelegt werden. Neben ihrer Funktion als Produzent von Waldmast steht ihre Bedeutung für viele Tier- und Pflanzengemeinschaften als Biotopbäume gerade auch für den Naturschutz außer Frage. Neben diesen Solitärbäumen sind Bäume mit entsprechend ausladenden Kronen und entlang von Waldrändern oder Forststraßen wertvoll. Sie sollten im Zuge forstlicher Eingriffe nicht nur erhalten, sondern bevorzugt freigestellt werden. Für Bäume entlang von Forstwegen oder Waldinnenrändern kann sogar die Anlage einer großzügigen Allee ins Auge gefasst werden, wie sie einst der Forstmann und Schwarzwildfachmann Norbert HAPP zahlreich im Kottenforst bei Bonn geschaffen hat. Die entstehenden Zwischenräume nutzen wir als Daueräsungsflächen für alle übrigen Wildarten.

Darüber hinaus prüfen wir weitere Standorte im Waldrevier, die sich aufgrund der Bodenverhältnisse, des Sonneneinfalls und Wasserhaushalts für die Anlage von Mast tragenden Bäumen eignen könnten. So manche Wildwiese, Äsungsfläche oder andere Freifläche ließe sich so deutlich in ihrer Attraktivität aufwerten und zudem würde das Wild sichtbar und vertraut werden.

Im Gegensatz zu den langsam wachsenden Waldbäumen entscheiden wir uns für schnell wachsende und früh Früchte tragende Obstbäume. Geeignet sind Wildobst, *Sorbus* Arten, Nussbäume, Roteiche und Esskastanie. Zusätzlich erwägen wir sinnvollerweise wegen des deutlich höheren Ertrages und der Beliebtheit bei den Sauen Zuchtformen von Apfel, Zwetschge und Pflaumensorten. Diese Obstarten stehen beim Schwarzwild besonders hoch im Kurs. Wir achten beim Einkauf über eine renommierte Baumschule auf eine breite Palette mit unterschiedlich reifenden Sorten. So bleiben die Flächen von Mitte Juli bis weit in den Herbst hinein bei den Sauen durchgehend beliebt.

Neben den oben angesprochenen mittel- bis langfristigen Projekten der Förderung von Fraß bieten sich an vielen Orten nach Rücksprache mit dem Waldeigentümer sicherlich auch Flächen an, die kurzfristig in Äsungsflächen oder sogar Wildäcker überführt werden können. Optimal liegen diese Flächen im Einstand oder zumindest in unmittelbarer Nähe dazu. Unbedingt beachtet werden muss aber die jeweilige Landesgesetzgebung zur Anlage von Wildwiesen und -äckern im Wald.

Daueräsungsflächen stellen dem Wild rund um das Jahr eine hochwertige Grünäsung parat. Speziell für Schwarzwild brauchen wir proteinreiche Mischungen aus verschiedenen regenerationsfreudigen Süßgräsern und Kleesorten. Hervorragende Erfolge erreicht man vor allem mit diploidem Rotklee, Luzerne und zuckerreichen Weidelgrassorten. Im Anbaujahr streckt man die Saatmischung zusätzlich mit reichlich Futterhafer, der ebenfalls bereits im Grünblattstadium gierig von den Sauen aufgenommen wird. Für ein Gedeihen der Mischung ist natürlich mit einer Bodenprobe der Nährstoffgehalt zu überprüfen und dementsprechend zu düngen. Daueräsungsflächen bieten je nach Wilddruck bis zu fünf Jahre ausreichend Äsung.

Gibt es Flächen, die in Bezug auf Größe, Lichteinfall, Bodengüte und Struktur ackerfähig sind, können wir uns glücklich schätzen. Auch wenn die jährliche Neubestellung von Wildäckern mit landwirtschaftlichen Früchten deutlich aufwendiger und teurer ist als eine Daueräsungsfläche, können wir damit wahre Magneten schaffen und das Schwarzwild ans Revier binden. Bei mäßigem Wildaufkommen kann schon der Wechsel von Monokulturen zu Schwarzwildablenkgemengen ausreichend sein. Die Mischungen basieren meist auf Sommergetreide, Leguminosen und Kleearten, die unterschiedlich reifen und so über einen langen Zeitraum das Interesse der Sauen finden. Mit ihrem Stadium der Milchreife fallen sie aufgrund des späteren Kleinklimas im Wald mit der Milchreife des Mais in der Feldflur zusammen und bieten gerade so eine ideale Ablenkung von den wildschadengefährdeten Feldern.

▶ Schwarzwildablenkgemenge

- Sommerweizen
- Schwarzhafer
- Futterhafer
- Sommergerste
- Waldstaudenroggen
- Buchweizen
- Eiweißerbse
- Ackerbohne
- Markstammkohl oder Westfälischer Furchenkohl
- Süßlupine
- Winterfutterraps
- Rot- und Schwedenklee

▼ *Kostengünstige Schwarzwildablenkgemenge liefern über einen langen Zeitraum attraktive Äsung und binden die Sauen im Einstand.*

Aussaat von März bis Mai mit etwa 60 kg/ha. Saatgutkosten belaufen sich auf rund 150 €/ha. Drei bis vier Wochen nach der Aussaat sollte eine Düngergabe von 300 kg/ha Volldünger (NPK) erfolgen. Je nach Verbissdruck kann noch im Juni eine Kopfdüngung mit 200 kg/ha Stickstoff erfolgen. Der große Vorteil dieser Mischung ist ihre hohe Attraktivität durch die unterschiedliche Entwicklung von eiweißreicher Grünäsung und energiereicher Körneräsung in einem langen Zeitfenster.

Die aus vielen Kleearten und Süßgräsern bestehende Dauergrünlandmischung wächst auf nahezu allen Böden. Schwarzwild äst ausgiebig von dem frischen Grün von Mai bis September. Der Aufwuchs ist auch bei vielen anderen Wildarten beliebt.

Daueräsungsflächen

- Deutsches Weidelgras (Sorten mit hohem Zuckergehalt)
- Rotschwingel
- Wiesenlieschgras
- Wiesenschwingel
- Rotklee
- Weißklee
- Perserklee
- Schwedenklee
- Luzerne
- Inkarnatklee
- Esparsette
- Serradella
- gestreckt mit Futterhafer und Waldstaudenroggen

▼ *Bei säugenden Bachen erfreuen sich die Daueräsungsflächen mit ihrem eiweißreichen Kleegras großer Beliebtheit.*

Aussaat von März bis September mit 20 bis 30 kg/ha. Das Saatbeet sollte möglichst feinkrümelig sein, die Aussaattiefe mit ein bis zwei Zentimetern sehr flach. Nach dem Säen unbedingt wegen des Bodenschlusses gut walzen.

Düngung mit 400 bis 500 kg/ha Volldünger (NPK) im Anbaujahr, danach jährliche Gabe von 300 kg/ha PK-Dünger. Je nach Äsungsdruck sollte nach drei bis fünf Jahren eine Neuanlage erfolgen, wenn die Kleearten verschwunden sind. Falls der Aufwuchs nicht gründlich abgeäst wird, sollte der verholzte Aufwuchs im Juli und September gemäht oder gemulcht werden, damit jeweils frisches Grün nachschiebt.

Stress und Schäden mindern

Schwarzwild hat ein hohes Sicherheitsbedürfnis. So schnell sich die hochintelligente Wildart bei permanenter Störung und Bejagungsdruck zum unsichtbaren Nachtwild wandelt, so schnell nimmt sie in beruhigten Revieren ihre vertraute Tag- und Dämmerungsaktivität wieder auf. Entscheidend dafür ist natürlich ein dichter Einstand, dessen Sträucher und Naturverjüngung Waldbesucher auf den Forstwegen kanalisieren. So halten sich unvorhergesehene Störungen in Grenzen und das Wild kann ungesehen ausweichen. Es lernt sehr schnell zu erkennen, von wem Gefahr ausgeht.

Besondere Kessel für Sauen

Chinaschilf, Senf und Sudangras als Einstände und Jagdflächen

Zur effektiven Bejagung von Schwarzwild in Feldrevieren eignen sich als Energiepflanzen angelegte Chinaschilfflächen. Diese bieten im Winter nicht nur Wildschweinen dichte Einstände. Da oft exponiert im Feld gelegen, lassen sich diese »Dschungel« leicht kontrollieren und strategisch gut bejagen.

Chinaschilf *(Miscanthus)* wird in der Regel durch Pflanzung begründet und steht dann über einen Zeitraum von bis zu 30 Jahren zur Verfügung. Großgräser wie *Miscanthus* x *giganteus* werden zwar jährlich genutzt, doch erfolgt die Ernte der Energiepflanzen erst im März oder April. Damit stehen die bis zu drei Meter hohen, dichten Bestände dem Wild über die karge Jahreszeit als Deckung bietende, windgeschützte und wärmende Einstände zur Verfügung. Die stabilen, dicht stehenden Stängel trotzen selbst starkem Wind und Nassschnee.

Über ein System aus Rhizomen (unterirdischen Sprossachsen) wachsen die einzelnen Chinaschilf-Pflanzen in die Breite und treiben dabei ständig neue Triebe aus. Über Jahre bilden sie Horste mit etwa einem Meter Durchmesser, die aber keine undurchdringlichen Dickichte sind. Das macht Chinaschilf als Lebensraum auch für Schwarzwild und folglich für jagdliche Einsätze interessant.

Chinaschilf kann auf Böden angebaut werden, die über eine gute Wasserversorgung vor allem zur Hauptvegetationszeit verfügen. Am besten eignen sich sandige Lehmböden mit einer mittleren Ackerwertzahl. Sogar auf rekultivierten Müll- und Bauschuttdeponien kann der Anbau erfolgreich sein. Staunässe, Bodenverdichtungen und exponierte Lagen hinsichtlich Wind und Frost verträgt die Pflanze hingegen nicht. Ein guter Standort für Mais gilt auch für Chinaschilf als optimal. Wegen der regelmäßigen Nährstoffverlagerung ist eine Düngung nicht zwingend erforderlich. Auf Wildackersämereien spezialisierte Unternehmen beraten zur fachgerechten Flächenvorbereitung und Pflanzung.

Wo Chinaschilf angebaut wurde, ist jederzeit die Rückführung in eine andere Nutzungsform

▼ *Für größere ungenutzte Freiflächen in Waldnähe kann der Jäger die Anlage von Chinaschilfflächen als Einstände für das Schwarzwild erwägen.*

möglich. Die Flächen verlieren ihren Status als landwirtschaftliche Produktionsflächen also nicht. Daher punkten sie hinsichtlich ihres extensiven und vor allem langfristigen Anbaus für die Umwelt. Da weder die oberirdischen Pflanzenteile vom Schalenwild beäst werden, noch die Sauen an die Rhizome gehen, können die Flächen ungeschützt hochgebracht werden.

Chinaschilf wird in der freien Feldflur schnell zu einem beliebten Einstand für Füchse, Schwarzkittel, Rehe oder auch Fasanen. Um die Schwarzwildbestände zu reduzieren, werden in regelmäßigen Abständen die Flächen auf Verdacht oder nach vorheriger Bestätigung mit geringem Aufwand von Hunden und/oder Treibern durchgestöbert. Das einfach klingende Szenario setzt aber voraus, dass die Flächen nicht zu groß sind (maximal ein bis zwei Hektar) und unweit der Wildwechsel liegen. Optimal ist eine im Winter weitgehend isolierte Lage in der Feldflur. Sie ermöglicht Revierinhabern mit Drückjagdsitzen den Einstand selbst, aber auch die vom flüchtenden Wild angestrebte Deckung strategisch sinnvoll zu besetzen.

Mit wenigen im Revier verteilten Chinaschilfflächen ergibt sich für das Wild, die Revierinhaber, aber auch die Jagdgenossen eine Win-win-Situation. Leider wird in vielen Landstrichen, vermutlich aus Unkenntnis der marktwirtschaftlichen Situation, derzeit noch zu wenig Gebrauch davongemacht.

Sudangras als Einstand

Eine weitere Energiepflanze eignet sich zumindest als saisonaler Schwarzwildeinstand im Feldrevier.

▼ *Im Winter fallen die Blätter ab und geben warmes Polstermaterial, während die verholzten Stängel weiterhin eine stabile Deckung geben.*

▼ *Der Jäger kann die von den Hunden im Chinaschilf gestellte Sau weit gefahrloser angehen als im heimischen Schilf.*

Das dem Mais sehr ähnliche Sudangras oder häufiger ein Hybrid daraus mit Zuckerhirse, genannt SUSU, wird ebenfalls gelegentlich in großen Schlägen angebaut. Sein großer Vorteil ist, dass das Schwarzwild aufgrund fehlender Fruchtstände oder Kolben keinen Wildschaden in der Frucht anrichtet. Auch für das Rotwild ist nur die ganz junge Pflanze bis etwa 30 Zentimeter Höhe als Äsung interessant. Später werden die Blätter hart und lagern Bitterstoffe ein. Als ruhiger und dichter Einstand hingegen sind die SUSU-Flächen beim Schwarzwild sehr beliebt. Hundeführer hingegen scheuen die dichten Bestände, denn in den engen Zeilenabständen und den bis über drei Meter hohen schilfähnlichen Stängeln tun sich die Stöberhunde schwer, das Wild zu finden und annehmenden groben Sauen auszuweichen. Im Herbst sind daher Überhitzung und Verletzungen bei den Hunden häufig. Ein weiterer jagdlicher Nachteil ist der saisonale Anbau der einjährigen, frostempfindlichen Pflanze. Stöbereinsätze sind daher nur in einem sehr begrenzten Zeitfenster möglich.

Der Senf lockt

▲ *In zunehmendem Maße bauen Landwirte Senf als schnell wachsende Zwischenfrucht nach der Getreideernte an. Sauen nehmen ihn gerne als ruhigen Tageseinstand im Herbst an.*

Eine interessante Variante ist die von Landwirten beispielsweise nach der Getreideernte angebaute Zwischenfrucht Senf. Schwarzwild bevorzugt Waldeinstände. Doch in vorgelagerten Feldanteilen oder angrenzenden Feldrevieren stecken sich Sauen sehr gerne in der je nach Saatzeitpunkt und Witterung bis zu 180 Zentimeter hohen Deckung von mehrere Hektar großen Senfschlägen. An kalten, aber sonnigen und windarmen Herbsttagen nehmen sie diese bevorzugt an. Haben in Waldeinständen bereits erste Drückjagden stattgefunden, weichen Sauen nicht selten in ruhig gelegene Senffelder als Ersatzeinstand aus. Senf ist allerdings eine abfrierende Pflanze. Folglich bricht die Deckung in sich zusammen, sobald es mehrere Tage/Nächte Frost gibt oder es zu Schneelage kommt. Revierinhaber können Landwirte auf Senf auch für die jagdliche Nutzung hinweisen. Es besteht nun mal gemeinsames Interesse, dass die Schwarzwildbestände reduziert werden. Ähnlich wie bei Chinaschilfflächen werden bei der Bejagung von Senfschlägen die Schützen auf mobilen, erhöhten Drückjagdsitzen postiert. Sicherheit ist oberstes Gebot.

Blaser

SPANNENDE EINZELJAGD

Bei ausreichend Büchsenlicht am frühen Morgen, in hellen Mondnächten und bei »weichem« Neuschnee lässt sich sowohl im Feld als auch im Wald auf Sauen erfolgreich pirschen.

PIRSCHEN – DIE HOHE SCHULE DER JAGD

Wenn es die Revierverhältnisse zulassen und es gegenüber anderen Schalenwildarten zu verantworten ist, gehört die Pirsch auf Schwarzwild zu den reizvollsten Jagdarten. Sie verlangt vom Jäger neben sehr guten Revierkenntnissen bezüglich der Einstände, Wechsel und bevorzugten Äsungsflächen und Suhlen auch Erfahrungen mit den vorherrschenden Windrichtungen und lokal besonderen Windströmungen. Hinzu kommen Körperbeherrschung, Reaktionsvermögen und durchaus ein wenig Mut – vor allem dann, wenn es heißt, auf kürzeste Entfernung an die Sauen herankommen zu müssen. Das Angehen von Sauen will erlernt sein.

Auch wenn es zunächst zu Fehlpirschen kommt, wird man daraus seine Lehren ziehen. Schuhwerk mit harter, zudem stark profilierter Sohle ist nicht geeignet. Tarnkleidung ist auch beim Angehen von Schwarzwild hilfreich. Bei Schnee sollte der pirschende Jäger unbedingt ein Schneehemd tragen. Ein ausgedientes weißes Betttuch, in das mittig ein Loch zum Über-den-Kopf-Ziehen geschnitten wird, ist im Grunde ausreichend.

▲ *Auch bei der Bejagung von Schwarzwild ist die Passion des jagdlichen Nachwuchses gefragt.*

In Getreide und Mais

Im Feld gehen wir im Sommer meistens im milchreifen Getreide, später dann im reifenden Mais zu Schaden gehende Sauen an. Gut fortbewegen kann man sich auf Trecker-Fahrspuren und auf Schadstellen. »Stehend pirschen« ist die Devise. Man hält in Weizen oder Hafer nach wackelnden Ähren Ausschau, sucht nach Rückenlinien stärkerer Sauen und achtet auf das Quieken und Grunzen meist jüngerer Stücke. Dann heißt es ran an die Schadensverursacher. Doch Vorsicht, nicht selten wechseln Sauen auf den Jäger zu, ohne dass er diese sieht. Stehen und beobachten, dann die nächsten Schritte planen – so muss das Angehen erfolgen. Die Waffe sollte man in der einen Hand, den Zielstock in der anderen tragen. Man muss jederzeit damit rechnen, auf einen Schwarzkittel »zu treten«.

In Maisschlägen ist das Angehen deutlich schwieriger, zumal man nicht viel sieht im »Dschungel«. Daher ist eine gute Orientierung hilfreich. Die Windverhältnisse sind im Mais oft problematisch. Beim Anstreifen der Kleidung an den langen Blättern der Maisstängel werden Geräusche verursacht. Daher muss man sich sehr bedächtig fortbewegen, immer wieder in die Knie oder gar runter auf alle viere gehen. Besser voran kommt man auf den Trecker-Fahrspuren. Auf denen arbeitet man sich am besten bis zu größeren Schadstellen vor und wartet dort in geduckter Haltung. Befinden sich in großen Maisschlägen mit Gräsern oder auch Strauchwerk umgebene Wasserlöcher (»Sölle«), so sind das ideale Ziele des Pirschgangs. Man sollte diese einmal umrunden, um festzustellen, von welchen Seiten die Sauen überwiegend anwechseln. Das ist zum einen für weitere Pirschen hilfreich, zum anderen wählt man so einen geeigneten Ansitzplatz am Boden.

Sehr schwierig wird es im Mais, wenn die Reihen stark mit hohen Unkräutern bestanden sind. Vorsicht ist bei der Schussabgabe geboten, denn die dicken Maisstängel können für Abpraller sorgen. Einer krank geschossenen Sau im Mais auf kurze Distanz gegenüberzustehen, ist nicht lustig. Ansprechvermögen, Geduld, Schießfertigkeit und gute Nerven sind bei solchen Unternehmungen grundsätzlich gefragt. Das ist nichts für Hitzköpfe und Schussgeile. Zu dieser Jahreszeit befinden sich sehr häufig Bachen mit ihrem noch gestreiften, damit führungsabhängigen Nachwuchs in den Feldfrüchten.

Bekanntlich nehmen Sauen gerne ausgedehnte Rapsschläge als Tageseinstand an. Sie bummeln in der Früh, oft noch bei vollem Licht, vertraut auf Graswegen zwischen den Feldern umher und suchen nach Fraß. Auch dort kann die Pirsch lohnen.

Im Winter in frostfreien Phasen stehen Sauen insbesondere dann gerne auf Wintersaaten im Gebräch, wenn dort zuvor Mais angebaut war. Ebenso wird vom Herbst bis ins Frühjahr Grünland bevorzugt »umgedreht«. Dort brechen die Sauen verstärkt und mit gewisser Regelmäßigkeit nach Engerlingen, Würmern und Mäusenestern. Damit decken sie ihren Eiweißbedarf, den sie nach einer übermäßigen Aufnahme von Mais oder besonders in Jahren mit Waldmast haben. Das sind gute Chancen, um Beute zu machen und zugleich die Schwarzkittel zu vergrämen.

Häufig macht es Sinn, dass der Jäger solche Flächen erst vom Ansitz oder von einer anderen erhöhten Position aus beobachtet. Hat er Sauen ausgemacht, legt er sich seine Strategie zum Angehen zurecht.

Tiefe Gangart

Stehen Sauen in mondhellen Nächten vertraut im Gebräch, ist es bei bestem Wind relativ problemlos, sie sogar im deckungslosen Gelände langsam anzugehen. Bedächtig und überlegt pirschen heißt es nun. Geräusche sind vor allem in der Nacht und in den frühen Morgenstunden unbedingt zu vermeiden. Auf den letzten 150 bis 100 Metern pirschen wir mit Unterbrechungen und möglichst in gebückter Haltung. Am besten bewegt man sich mit versetzten Schritten seitlich vorwärts. Dadurch erscheint der Körper schlanker, verschwimmen die Konturen mehr. Ideal ist es, wenn man den Mond im Rücken oder seitlich von sich stehen hat. Mitunter kann es notwendig sein, Sauen bis auf gute Schussdistanz anzurobben.

Bei verhangenem Mond und mäßiger Sicht braucht der Jäger nicht zu fürchten, sogleich als solcher erkannt zu werden. Sauen sehen nicht besonders gut. Hauptsache, der Wind behält eine feste Richtung bei. Jedoch muss man bei solchen Lichtverhältnissen nah heran, deutlich näher als bei gutem Licht oder Schneelage.

▶ Tipp

Bei Entfernungsschätzung bei schlechtem Licht gilt:
Sieht man Sauen in mäßig hellen Nächten mit bloßem Auge, hat man sie meistens weniger als 50 Meter vor sich. Fühlen sie sich nicht gestört, kann man im Schneckentempo weiter vorpirschen. Wirft eine Sau auf oder wechselt auf den Jäger zu, keinesfalls bewegen. Jetzt heißt es geduldig abzuwarten – auch wenn der Puls im Hals zu spüren ist und das »kleine Männchen« im Hinterkopf zum Handeln drängt.

Es kommt häufig vor, dass Sauen in solchen Situationen zu laufen anfangen. Auch dann muss man abwarten können. Vor allem unerfahrene Frischlinge und Überläufer beginnen oftmals bald wieder mit der Nahrungssuche. Sobald sie aber wieder fest im Gebräch stehen, kann man unter Beachtung des Windes nachpirschen. Ist der Jäger zu Schuss gekommen, wird umgehend im Knall nachgeladen. Liegt die beschossene Sau am Platz, verhoffen andere gerne, weil sie die Situation nicht einschätzen können. Insbesondere junge, unerfahrene Sauen flüchten, können aber nach wenigen Minuten zurückkommen, um ihren Kameraden zu suchen. Geduldige und sich ruhig verhaltende Jäger haben so die Chance, auf eine weitere Sau zu Schuss zu kommen.

Die enorm reizvolle und auch spannende Pirsch im Feldrevier erfordert vom Jäger eine ganz genaue Ortskenntnis und eine große Selbstbeherrschung. Zum einen besteht immer eine besondere Gefährdung des Hinterlandes, vor allem, wenn man in flachem Gelände vom Boden aus jagt. Kugelfang muss immer gegeben sein! Aufpassen, wenn sich das Wild an Kuppen oder Geländeerhebungen bewegt und wenn man aus einer sitzenden oder gar liegenden Position schießen möchte! Um extrem flache Schusswinkel zu vermeiden, richtet man sich sehr langsam auf, bringt vorsichtig die Waffe auf dem Zielstock in Position und schießt in stehender Position. Schießen über einen Zielstock muss freilich zuvor auf dem Schießstand geübt werden.

Aber auch der Pirschende selbst kann sich bei dieser Jagdart in die Gefahr begeben, Opfer seines jagdlichen Fehlverhaltens zu werden. Wer nachts im Feld auf Sauen pirschen will, muss mit absoluter Priorität die eigene Sicherheit in seine jagdtaktischen Überlegungen einbeziehen. Dazu gehört, dass man sich unmittelbar vor dem anstehenden nächtlichen Einsatz mit seinen

▼ *Das Angehen auf kurze Distanz von in Maisfeldern steckenden Sauen ist sehr anspruchsvoll.*

Jagdkameraden im eigenen Revier, aber auch je nach Grenzverläufen mit den Jagdnachbarn verständigt. Unmissverständliche Absprachen sind zu treffen. Man muss auf Pirschgänge im selben Revierteil verzichten, wenn mehrere Jäger ansitzen. Zudem meidet man insbesondere unklar verlaufende Reviergrenzen, wenn im Nachbarrevier zeitgleich auch gejagt wird.

Wichtig im Waldrevier

Der Waldjäger wird meist an den bekannten Wechseln zu Suhlen und Einständen oder aber in Altholzbeständen unter Mastbäumen mit Sauen zusammentreffen. In reinen Waldrevieren müssen andere Aspekte bei der Pirsch beachtet werden. Die Windverhältnisse können im Wald lokal sehr unterschiedlich sein und sich plötzlich ändern. Daher ist beim Wechsel in einen anderen Revierteil unbedingt jedes Mal der Wind zu prüfen. In kleinen Waldrevieren, die kaum 100 bis 150 Hektar Größe haben, sollte man vom Pirschen absehen. Man »verpirscht« die Sauen nur. Kommt zudem anderes Hochwild im Revier vor, muss die Pirsch vor allem in Mond- und Schneenächten zumindest im Kernbereich gänzlich unterbleiben. Die Störungen sind zu groß.

Sobald die Bäume kein Laub mehr tragen, kann das Pirschen in winterlichen Mondscheinnächten oder auch frühmorgens erfolgreich sein. Dennoch sollte am Tag zuvor gründlich abgefährtet werden. Wer mit offenen Augen durch den Wald geht, erkennt, von wo die Sauen aus den Einständen zu den masttragenden Bäumen ziehen. Erfolg versprechende Plätze sind immer wieder gut angenommene Suhlen, deren Attraktivität durch pheromonhaltigen Buchenholzteer an Malbäumen verstärkt werden kann. Wer über Streuobstflächen oder Kleestreifen im Waldrevier verfügt, kann dort das Schwarzwild auch noch nach Sonnenaufgang vertraut antreffen.

▼ *Pirschen im weißen Winterwald ist äußerst reizvoll. Bei »lautem« Schnee sitzt der Jäger besser an.*

An eine im Gebräch stehende Rotte muss man so nah wie möglich heran, damit alle Stücke angesprochen und zugeordnet werden können. Vorsicht ist bei Naturverjüngungen und Brombeerflächen geboten, denn dort kann man leicht eine Sau übersehen. Wenn man an dieser mit schlechtem Wind vorbeipirscht, wird sie warnend abgehen und die übrigen Sauen mitnehmen. Vor der Schussabgabe muss der Jäger unbedingt auf Kugelfang achten und sich anhand von Geländebesonderheiten den Standort des Wildes merken. Sollte die getroffene Sau abgehen, findet sich der Anschuss leichter. Ebenso sollte er unbedingt seinen eigenen Standplatz verbrechen, damit später eine Einweisung des Schweißhundführers möglich ist.

Nach dem Schuss wird unverzüglich nachgeladen und das Umfeld konzentriert beobachtet, denn die restlichen Sauen gehen gerade bei guter Bodenvegetation oftmals nicht gleich flüchtig ab, sondern sammeln sich erst einmal. Für einen firmen Jäger ist es so gelegentlich möglich, dass er auf ein weiteres Stück derselben Rotte zu Schuss kommen kann.

Maßvolle Winterpirsch

Im Winter ist die Pirsch bei Tag nur in sehr ungestörten Revieren und insbesondere in der Rauschzeit möglich. Ansonsten haben die Sauen in den langen Winternächten reichlich Zeit zur Nahrungssuche. So bleibt nur die Mondscheinpirsch im Winterwald. Sie gehört sicherlich zu den Sternstunden der Jagd. Ob Winter- oder Sommerpirsch – bestens gerüstet ist der Jäger mit einer handlichen Wärmebildkamera. Damit lässt sich früher und besser sehen!

Aber gerade weil diese Erlebnisse so verlockend sein können, sind dabei vom Jäger Selbstbeherrschung und Selbstbeschränkung gefragt, wenn er das vorkommende Schwarzwild vertraut im Revier behalten möchte. Wenn wir auch noch die Nachtzeit intensiv zur Bejagung nutzen, findet das Wild überhaupt keine Ruhe mehr – ganz besonders im Winter! Selbst der nächtliche Daueransitz belastet das Wild, wenn auch nicht so extrem wie die Pirsch. Stimmen die Rahmenbedingungen wie geringer Jagddruck, gute Fraßbedingungen und weiträumige Einstände, spricht nichts gegen eine maßvolle Winterpirsch.

Aufgrund der am Tag gewonnenen Erkenntnisse und aktuellen Windverhältnisse kann ein Plan erstellt werden, wie man die Pirschroute angehen will. Zum Pirschen eignen sich vorzugsweise saubere Pirschwege, Holzabfuhrwege, Waldränder und breite Fernwechsel – wenn sie sich nahezu geräuschlos begehen lassen. Mit Split oder Schotter bedeckte Forststraßen sind völlig ungeeignet. Wenn Pirschwege eine »Schotterpiste« kreuzen, lässt sich mit einem schmalen Streifen aus Erdreich oder Sand für Ruhe sorgen. Vor allem zu besonders vielversprechenden Stellen wie Suhlen, Malbäumen, Kirrstellen oder Mastbäumen werden kurze Pirschwege errichtet. Rückegassen liegen zumeist voll mit Ästen und bei der Holzernte gebrochenen Stämmen. Leise pirschen ist dort oft kaum möglich.

Weiter erschwerend bei der Pirsch sind andere im Revier vorkommende Schalenwildarten, die auf Störungen oft so lautstark reagieren, dass sie das Schwarzwild durch ihr Schrecken oder abruptes Flüchten frühzeitig warnen. Stehen Sauen vertraut im Gebräch, sind Geräusche von etwas weiter entfernt fahrenden Fahrzeugen weniger störend.

Weiches Wetter nutzen

Zu Beginn des Pirschgangs müssen die Sauen erst einmal gefunden werden. Fressendes Schwarzwild verursacht Eigengeräusche, die bei Auseinandersetzungen, Futterneid oder in der Rauschzeit zum Teil weithin hörbar sind. Ideal für solche Unternehmungen ist »weiches Wetter«, also aufklarendes Wetter nach Regen, Neuschnee oder Tauschnee.

Feuchter Boden, nasses Laub, leichter Wind und Regen schlucken Geräusche. Solche, die der Jäger beim Angehen einer im Gebräch stehenden Rotte verursacht, gehen häufig im lautstarken Schmatzen und Grunzen der Sauen unter.

Bei optimalem Wind kann man sich selbst in einer mondhellen Nacht im Schlagschatten der Bäume bewegen, ohne Sorge haben zu müssen, dass eigene Bewegungen von den Sauen erkannt werden. Bislang ließ sich prognostizieren, dass in aller Regel die aussichtsreichsten Stunden auf Jagderfolg bis Mitternacht sind. Danach trifft man Sauen nur noch sporadisch an. Das hat sich in manchen Gegenden geändert. Trotz Gesetzesverbot können es wohl manche Jäger nicht lassen, mit Nachtsichtzieltechnik zu jagen. Das ist mancherorts ein offenes Geheimnis. Das Schwarzwild reagiert schnell und verlegt die Aktivitätsphasen in die zweite Nachthälfte (wenn berufstätige Jäger im Bett liegen). Der Jagderfolg bei Pirsch und Ansitz nimmt ab.

Im Winterwald steigen zur Morgendämmerung und in ruhigen Revieren bis in den Vormittag hinein die Chancen, noch auf Sauen zu stoßen – vornehmlich, wenn Keiler sich bei rauschigen Stücken einer Rotte eingefunden haben. Zur Rauschzeit sind Sauen auch tagsüber in den Einständen aktiv und nicht selten hört man die lautstarken Attacken. Vielfach sind Sauen derart mit sich selbst beschäftigt, dass man sie vorsichtig in lückigen Beständen angehen kann. Der Jäger verhält sich dann nicht anders als zuvor beschrieben.

Frischer, weicher Neuschnee ist gut zum Pirschen. Recht leise pirschen lässt sich auf verschneiten Wegen, auf denen man untertags mit dem Jagdfahrzeug breitere Fahrspuren »gefertigt« hat. Vorsicht ist dennoch geboten, denn es könnte darin glatt werden. In knackigen Frostnächten und nach auf Schnee gefrierendem Regen bleibt der Jäger besser daheim.

▶ Tipp

Zur Pirsch trägt man am besten geräuscharme Tarnkleidung, eine Gesichtsbedeckung und Handschuhe. Das Angebot ist groß. Im Winter bei Schneelage kann man auf Schneehemd und -hose, Handschuhe und weiße Haube nicht verzichten. Schuhwerk mit grober Sohle verursacht Geräusche, daher auf weiche, eher glatte Sohlen setzen (Achtung, Rutschgefahr!).

▼ *Auf regelmäßig gepflegten Pirschwegen gelangt der sich umsichtig bewegende Jäger leise zum Hochsitz und näher ans Wild.*

JAGEN IM FELD

Sobald in Feldrevieren die natürliche Vegetation und die Feldfrüchte ausreichend Deckung bieten, suchen sich Sauen dort ihren Einstand. Wildschadensverhütung, erst recht mit der Büchse, ist nun angesagt. Wenn Raps, Getreide und Mais hoch genug sind, findet Schwarzwild darin Ruhe und wird nicht so arg von lästigen Fliegen und Stechmücken geplagt. Zudem kann es im Schutz der flächigen Deckung tagaktiv umherziehen und nach Nahrung brechen. Haben sie erst einmal einen attraktiven Einstand gefunden, der Deckung, Wasser und reichlich Fraß auf kleinstem Raum vereint, bewegen sich die Sauen kaum. Über Wochen leben sie im »Schlaraffenland«. Schilfbruchflächen und kleine Waldflächen mit reichlich Brombeere oder mannshohen Brennnesseln in unmittelbarer Nähe zur Feldflur sind ebenfalls ideale und sehr beliebte Sommereinstände. Eine gezielte Bejagung ist durch die üppige Vegetation stark erschwert.

Das Anlegen von Kirrungen ist zu dieser Zeit von unterschiedlichem Erfolg begleitet, da Sauen neben milchreifem Getreide und Mais vor allem Klee und tierisches Eiweiß vorziehen. Wer genau hinsieht, findet Gebräch, Wechsel durch Ackerfrüchte, angenommene Malbäume und besuchte Suhlen der ansonsten »unsichtbaren« Sauen. Der Jäger muss sich unbedingt mit den Wechselgewohnheiten der Sauen vertraut machen. Aber jetzt nicht zu nahe an die Einstände herankommen, damit die Sauen nicht vergrämt werden!

▼ Bei hoher Vegetation ist Vorsicht geboten. Auch bei Sauen grundsätzlich erst ansprechen und prüfen, ob das zu beschießende Wild frei steht und nicht führend ist.

Eine Bejagung macht nur dort Sinn, wo der Jäger regelmäßig angenommene Wechsel bei ausreichendem Licht bejagen kann. Besonders an heißen und trockenen Tagen sollten das Stellen sein, die Einblick in angenommene Suhlenbereiche oder auf Schadensflächen im milchreifen Getreide ermöglichen. Dort kann der Ansitz sehr erfolgversprechend sein. An Feldrändern, an Wegen zwischen Feldern oder Fehlstellen in Raps, Getreide, Erbsen oder Kartoffeln lohnt der Ansitz. Bei längerer Trockenheit suchen Sauen gerne Zuckerrübenschläge auf, da sie wegen der Feuchtigkeit die Fruchtkörper zerkauen.

Die Erfolgsaussichten sind am größten, wenn man über den Aktivitätsradius der Sauen stets im Bilde ist und regelmäßig abfährtet. Die aussichtsreichsten Ansitze sind in den Dämmerungsphasen am Morgen und Abend. Am Rande der Tageseinstände im Feld bummeln Sauen vor allem in der Früh gerne noch umher, bevor sie sich einschieben. Wer in seinem Revier die Hauptwechsel vom Feld in den Waldeinstand kennt, sollte eine gut erreichbare Ansitzeinrichtung unweit der Wechsel aufstellen. Ausreichend Lichteinfall und Schussfeld müssen vorhanden sein.

Sollten Sauen wegen einer anhaltenden Trocken- und Hitzeperiode verstärkt an Suhlen zu fährten sein, lohnt sich der dortige Abendansitz eher als der in kühleren Morgenstunden. Sauen steigen nach einem heißen Sommertag erst ausgiebig ins kühle Nass, bevor sie ins Gebräch ziehen. Demzufolge erscheinen sie an den Schadflächen oft erst recht spät in der Nacht. Daher sind dort und an den Wechseln zu den vermuteten Tageseinständen die Aussichten auf Beute am Morgen am besten.

Ideal ist der Ansitz an feuchten Fehlstellen und Bejagungsschneisen im Raps und Mais. In dem dichten Einstand fühlen sich die Sauen absolut sicher. Schneisen planen wir selbstverständlich nur nach frühzeitiger, vorheriger Abstimmung mit den Landwirten. Je nach Bundesland müssen sie Bejagungsschneisen mit gesondertem Nutzungscode extern ausweisen. Sofern Landwirte zustimmen und auf einen Ernteertrag verzichten, gibt es auch unbürokratischere Möglichkeiten: Im Mais werden Schneisen erst zur Milchreife angelegt, indem einige Maisreihen gemulcht (sehr gute Lockwirkung) oder einfach mit einem Traktor niedergedrückt werden.

Bejagungsschneisen legen wir wie folgt an:

- nicht zwischen Waldrand und Raps- oder Maisfeld,
- die äußerste Schneise in der Feldfrucht soll etwa 30 Meter vom Waldrand entfernt sein,
- Hauptwechsel einbeziehen,
- Hauptwindrichtung berücksichtigen,
- Schneisenbreite 6 bis 9 Meter, Länge etwa 40 bis 120 Meter,

▼ *Als effektiv haben sich Bejagungsschneisen in Y-Form mit etwa sechs bis neun Meter (Maschinenarbeits-)Breite erwiesen. Länger als gut 100 Meter sollten sie nicht sein.*

▲ *Spezielle Saatgutmischungen ziehen Sauen an, müssen aber bei zu hohem Wuchs gemulcht werden. Daraufhin meiden Sauen die Schneise für eine gewisse Zeit. Wildkameras verraten die »Besucher«.*

- Schneisen sollen rundum so weit wie möglich geschlossen sein (Sicherheit vermitteln),
- je nach Schneisenlänge und sofern möglich, an jeder Stirnseite eine mobile Leiter aufstellen,
- Zugang/Zufahrt zum Transport mobiler Ansitzeinrichtung und zur Wildbergung berücksichtigen,
- sofern möglich, Kultur- oder Wildschutzzäune zur Lenkung auf die Jagdschneise einbeziehen oder Elektrozaun aufstellen.

Um Sauen auf die Schneisen zu locken, schlagen wir dort einen Holzpfahl in den Boden und streichen diesen mit Buchenholzteer (mit Pheromonen angereichert) ein. Der Pfahl ist zugleich Orientierungshilfe für die Distanz und die Größe von Sauen. Zusätzlich verteilen wir im Umfeld des Pfahls ein paar »Leckerlies«, wie Kandiszucker und mit Apfelsaft oder Maggiwürze aufgequollenen Körnermais (unbedingt Kirr- und Fütterungsverordnungen beachten!). Das fördert die regelmäßigen Besuche.

▼ *Bei mehrjährigen Versuchen hat sich gezeigt, dass zur Kolbenmilchreife in den Mais gemulchte etwa sechs Meter breite Schneisen von Sauen bevorzugt angenommen werden. Macht der Landwirt mit, spart man sich zuvor viel Aufwand und Saatgutkosten.*

▼ *Ein stabiler Holzpfahl ist multifunktional: Er hilft beim Abwägen der Schussdistanz (vor allem bei Nacht), unterstützt das Ansprechen der Größe von Sauen und lockt mit darangestrichenem, von den Autoren bevorzugten pheromonhaltigen Buchenholzteer.*

Wer eine Sau vor allem im Rapsfeld beschießt, muss sich über die Folgen im Klaren sein. Der Schuss muss sauber sitzen, die Sau am besten im Knall am Anschuss liegen. Eine tief im Raps verendete Sau zu bergen, vor allem eine krank geschossene Sau darin nachzusuchen, ist eine verteufelte und nicht ungefährliche Angelegenheit.

Ansitz und Pirsch in Mondnächten während des Sommers lohnen nur auf Stoppelfeldern oder frisch gemähten Wiesen. Der Mond steht nicht hoch genug und wirft kein optimales Licht. Vorsicht: Die hellbraunen Frischlinge »verschwimmen« häufig mit dem Bewuchs. Führende Stücke sind dadurch manchmal nicht als solche zu erkennen. Kleine Frischlinge dürfen nicht übersehen werden.

Sobald vor allem Weizen- und Haferfelder in die Milchreife kommen, werden sie bevorzugt von Sauen aufgesucht. Bleiben Störungen aus, ziehen sie recht regelmäßig zum Fressen dorthin. Vor allem beim Frühansitz beobachten wir die geschädigten Flächen genau. Werden Sauen bestätigt, heißt es runter vom Hochsitz und ran an die Sauen. Nachdem der Wind geprüft wurde, legt man sich eine Strategie zurecht, von wo und wie man die Sauen angeht. Das erfolgt langsam und vorsichtig auf Traktorfahrspuren oder über Schadstellen. Idealerweise hat man einen Zielstock dabei und trägt die Waffe in einer Hand. Mitunter muss es schnell gehen. Genaues Beobachten und Ansprechen sowie überlegte Handlungen führen am ehesten zum Erfolg. Gute Nerven sind gefragt. Wer schusshitzig ist, sollte diese Jagdart lassen.

Als Reviereinrichtungen an den Schadensflächen im Getreide oder an frei gemähten Schussbereichen im Schilf und Raps oder an Jagdschneisen in Maisschlägen eignen sich insbesondere leichte, frei stehende Metallleitern sowie mobile Drückjagdsitze. Solche Ansitzeinrichtungen sind problemlos zu transportieren, ohne dabei zusätzliche Schäden im Feld anzurichten.

▲ *In sehr großen Maisschlägen lässt sich auch an breiten Fahrspuren jagen. Auf denen lässt sich gut bedächtig pirschen und lassen sich wechselnde Sauen beobachten. Immer den Wind beachten, stehenbleiben und verhören.*

▼ *In großen Rapsschlägen nutzen wir Fehlstellen, um eine Kirrung anzulegen. Doch wehe dem, der eine angeschweißte Sau im Raps nachsuchen oder nach längerer Todesflucht bergen muss.*

KIRREN – STRATEGISCH RICHTIG UND MASSVOLL

Saujagd ohne Kirrung ist kaum vorstellbar. Sie ist aber keinesfalls das alleinige »Allheilmittel«, um Schwarzwildbestände zu reduzieren. Kritiker wettern nicht zu Unrecht gegen mitunter ausartende Praktiken mancher Revierverantwortlichen, die den Unterschied zwischen Kirrung und Fütterung ignorieren. In den Kirr- und Fütterungsverordnungen der Länder ist genau festgelegt, was erlaubt ist. Darunter fallen Vorschriften zur Begrenzung der Menge des Kirrmaterials oder aber zur Anzahl der Kirrstellen auf einer bestimmten Fläche, inklusive behördlicher Meldepflicht, oder zum zu verwendenden Futter. Diese Vorschriften sind unbedingt zu beachten, unabhängig von nachfolgenden Vorschlägen. Eine Kirrung darf weder einen Fütterungs- noch einen Sättigungseffekt nach sich ziehen.

Gegen diese Jagdmethode spricht nichts, wenn sie maßvoll und waidgerecht ausgeübt wird. Man darf keinesfalls darüber hinwegsehen, dass es nicht wenige Reviere gibt, deren Lage und Größe keine Drückjagden gestatten. Des Nachts Schwarzkittel ausschließlich an Wechseln oder Suhlen oder schadensträchtigen Flächen abzupas-

▼ *Eine einstandsnah gelegene Kirrung, an der ausschließlich im Herbst und Winter und dann auch nur in Intervallen angesessen wird. Am Pendelfass lässt sich die Auswurfmenge des Kirrguts einstellen.*

sen, wird mit vielen vergeblichen Ansitzstunden verbunden sein. Doch eine professionell betriebene Jagd an der Kirrung kann reichlich Beute bescheren und steht für einen der Sozialstruktur angepassten selektiven Abschuss.

Hinweis: Wir geben zu bedenken, dass in und nahe von Rotwildeinständen auf Sauenbejagung an der Kirrung verzichtet werden muss. Die Störungen sind zu massiv und führen schnell zu Schälschäden.

Wer meint, mit schmackhaftem Futter allein Sauen locken und dann leichte Beute machen zu können, wird schnell eines Besseren belehrt. Auch beim Anlegen von Kirrungen gilt die Grundregel, dass guter Wind während des Ansitzes sehr entscheidend ist, damit Sauen anwechseln. Bei der Auswahl des geeigneten Platzes und der Positionierung der Ansitzeinrichtungen ist darauf unbedingt zu achten.

Schneisen, Wege, Schluchten oder Gräben, unterschiedlich hoch gestufte Waldbestände – alle diese Gegebenheiten können lokal den Windzug beeinflussen. Sauen umschlagen in größeren Halbbögen mitunter sogar komplett die Kirrungen, bevor sie nach längerem Verhoffen zum Fraß ziehen. Sie geben dieses Verhalten an den Nachwuchs weiter.

Ein Beispiel: Nachtansitz an der Wald-Feld-Grenze bei Schnee und Halbmond. An der linken Waldkante wechselt eine starke Bache zögerlich aus. Nachwuchs ist keiner zu sehen. Etliche Minuten verhofft sie im Schatten alter Eichen. Dann zieht sie bedächtig am Waldrand entlang auf eine dort stehende Kanzel schnurstracks zu. Die umschlägt sie von hinten und wechselt erst dann wenige Meter aufs Feld in Richtung Wühlstreifen. Es scheint, als sei sie alleine unterwegs. Sie eilt zurück zum Waldrand und plötzlich stehen sechs stramme Frischlinge neben ihr. Die Bache zieht nun zügig aufs freie Feld in Richtung Kirrung. Die Frischlinge aber stehen eng beieinandergedrängt am Waldrand und rühren sich nicht. In einem weiten Halbkreis umschlägt die Bache den Wühlstreifen und lockt erst dann ihren Nachwuchs.

Eine beeindruckende Demonstration, die man im dichten Wald eher nicht erhält. Doch Fährten im Schnee und feuchten Boden verraten uns eindrucksvoll, dass Sauen gezielt Anmarsch- oder Pirschwege zur Ansitzeinrichtung kontrollieren.

Was ist bei der Wahl des Kirrplatzes und des Standortes der Ansitzeinrichtung zu beachten?

- Die Himmelsrichtung und damit den Mondlauf sowie den Baumbestand berücksichtigen. Wirft der Mond ausreichend Licht auf den Platz? Wie wirkt sich Schattenwurf aus?

▼ *Ideal geplant: Stehen unweit einer Kirrung zwei Hochsitze, hat der Jäger entsprechend der Windrichtung eine Auswahl. Beim Angehen darf keinesfalls über den Kirrplatz gelaufen werden.*

▲ *Hochsitze müssen zuweilen umgesetzt werden. Gut, wenn dafür schweres Gerät wie Radlader oder Traktor mit Frontlader zur Verfügung stehen.*

• Sofern nicht bereits bekannt, sind die Windverhältnisse vor Ort am besten an mehreren Tagen bei unterschiedlichem Wetter zu prüfen.
• Vom Jäger genutzte Fußwege dürfen sich nicht mit Hauptwechseln kreuzen und müssen weit genug entfernt vom Einstand sein.
• Pirschwege sind sauber zu halten, geschotterte Wege sind zu meiden.
• Der Platz muss zum Kirren und zur Wildbergung problemlos erreichbar sein.
• Er wird am besten in lichten Laubholzbeständen gewählt. Er sollte nicht unmittelbar am oder im Einstand sein. Gute Plätze sind in der Nähe von Wechseln in die Felder und zu von Menschen häufiger benutzten Waldwegen.
• Unter Beachtung der Hauptwindrichtungen im Herbst und Winter die Ansitzeinrichtungen entsprechend aufstellen. Ideal, wenn am Standort zwei Stück aufgestellt werden können. Man ist dann je nach Wind bei der Ansitzwahl flexibel.
• Der Kirrplatz darf nicht zu klein sein oder auf engen Schneisen liegen. Bei Schussabgabe stehen sonst mehrere Sauen zu eng beieinander (Verletzung durch Geschosssplitter, »Paketschuss«).
• Grenznahe Kirrplätze sollten im Idealfall nur nach Absprache mit dem Nachbarn angelegt werden. Auch der könnte dort eine Kirrung betreiben. Folge: Gefahr bei Schussabgabe und Wildbergung, man sitzt sich im Wind. Zudem wandern die Sauen von da nach dort. Damit (und auch bei zu vielen Kirrungen auf kleiner Jagdfläche) erhöhen sich die Ansitzstunden, während sich der Jagderfolg verringert.

Der Fachhandel bietet zahlreiche Produkte an, die eine Kirrung erleichtern sollen: Pendelfässer, Rollfässer, mit Zeitschaltuhr gesteuerte Streuapparate und mehr.

Einfache Holzkisten, die mit Körnermais befüllt werden, lassen sich selbst bauen, genauso wie mit einer Motorsäge ausgehöhlte und zu unauffälligen Trögen umgewandelte Stücke Stammholz (Holzbarren). Bei Baumfällungen fallen dünne Baumscheiben an, die sich gut zur Abdeckung von Kirrmaterial verwenden lassen. Legen wir auf Kistendeckel oder Baumscheibe einen Stein, lässt sich aus der Distanz erkennen, ob Sauen dort waren. An einem Platz muss es immer mehrere Kirrstellen geben, damit sich die Sauen verteilen. Ein Rotte muss entzerrt werden, damit Verletzungen durch Geschosssplitter oder »Paketschüsse« ausgeschlossen werden können.

Um Schwarzwild möglichst lange zu beschäftigen, empfehlen sich drei bewährte Methoden:
1. Mais wird mit einem Garten- oder speziellen Kirrspaten an mehreren, weiter auseinander liegenden Stellen in spatentiefen Löchern vergraben.

2. Wir legen einen mehrere Meter langen und breiten Wühlstreifen an: Maiskörner oder -kolben oder auch gesammelte Eicheln werden mit einer Fräse oder einem Grubber in den Boden eingear-

▲ *Optimale Kirrung: Einstandsnah – (Mond-)Lichteinfall – ein Wühlstreifen – ein morscher, mit Viehsalz bestreuter Baumstamm, den Sauen regelrecht fressen.*

beitet. Wühlstreifen müssen nicht mit Unmengen Kirrmaterial beschickt werden. 500 Gramm, gut verteilt ausgestreut und ordentlich in den Boden eingearbeitet, können Sauen lange beschäftigen. Das frisch umgebrochene Erdreich lockt Sauen zusätzlich an.

3. Wir streuen etwas Mais oder vergraben diesen in matschigen Bereichen (Feuchtstellen, Suhlen). Im Schlamm nach Fraß brechen zu können, kommt dem Bedürfnis von Sauen sehr entgegen.

Mit schwereren Steinplatten sollte man den Mais nicht abdecken. Keiler können sich an den Platten die Gewehre abbrechen.
An dieser Stelle muss erneut auf die Kirr- und Fütterungsverordnungen der Länder hingewiesen werden, da in einigen der zuvor genannten Kirrhilfen deutlich größere Futtermengen bevorratet werden können, als es der Gesetzgeber gestattet. Zwischen Kirrung und Fütterung könnte in diesem Fall schwer zu trennen sein. Doch nochmals: Auch kleine Mengen reichen aus. Viel wichtiger ist regelmäßiges Kirren.

Auch Schwarzwild mag Salz, das wir ihm in Blöcken über eine Stamm- oder Stocksulze anbieten. Eine einfache, aber sehr effektive Methode: Streuen wir loses Viehsalz über morsche Baumstämme, werden diese von den Sauen regelrecht »aufgefressen«.

▶ Tipp

Bei niedriger und offener Ansitzeinrichtung sowie bei der Pirsch vermeide von Mondlicht verursachte Reflektionen durch die Armbanduhr, durch Zielfernrohr und Fernglas. Bedecke vor allem beim Pirschen Hände und Gesicht.

Die moderne Technik bietet allerlei Möglichkeiten, die Lockplätze regelrecht zu überwachen. Angeboten werden im Fachhandel die unterschiedlichsten Beobachtungskameras, Wilduhren, »Sautelefone« oder Wildwarner zur Anbringung im Hochsitz. Zweifelsohne können solche Hilfsmittel eine Erleichterung sein und unzählige vergebliche Ansitzstunden einsparen.

Schwarzwild ist äußerst lernfähig. Haben Bachen Frischlinge an Kirrungen verloren, wissen sie sehr wohl um die Gefahren, die von diesen Plätzen ausgehen. Aus der Deckung versuchen sie, sich Wind zu holen. Dabei umschlagen sie den Ort und auch die Ansitzeinrichtung. Wird eine Kirrung über einen längeren Zeitraum nicht angenommen, »passt« den Sauen dort etwas nicht oder es kam zu einer intensiven Störung. Als kleines Wundermittel kann helfen, wenn das Kirrmaterial einige Meter neben der eigentlichen Kirrung ausgebracht wird. Sauen sehen diesen Platz nicht gleich als Gefahrenstelle.

▼ *Vom Jagdfachhandel werden Rollfässer angeboten. Diese sollten unbedingt gut befestigt werden.*

In der Regel meiden alte Keiler Kirrungen. Dagegen tauchen sie zur Rauschzeit schon einmal auf der Suche nach einer rauschigen Bache oder in Begleitung einer Rotte dort auf. Wenn nach einem harten Winter im zeitigen Frühjahr der Hunger quält, ziehen selbst Keiler zur Kirrung.

Sauen gewöhnen sich recht schnell an Gerüche und Geräusche, die der kirrende Jäger hinterlässt. Daher ist es von Vorteil, wenn möglichst dieselbe Person dieser Aufgabe nachkommt. Das Kirrgut schütten wir in das Behältnis oder verteilen es mit einer kleinen Handschaufel. Im Spätherbst und Winter hat sich der Ansitz an der Kirrung als besonders effektiv erwiesen, wenn er nicht ständig, sondern in Intervallen durchgeführt wird. Im Grunde geben die Vollmondphasen den Abstand vor. Etwa fünf Tage vor und drei bis vier Tage nach Vollmond ist mit jagdlich brauchbarem bis gutem Licht zu rechnen – wenn das Wetter mitspielt. In der Zwischenzeit werden die Kirrungen kontrolliert und bei Bedarf beschickt. Kommt es zwischenzeitlich zu keinen Störungen (Drückjagden, Holzeinschlag, Wetterumschwung…), kann man davon ausgehen, dass Sauen vertraut und frühzeitig anwechseln. Sinnvoll ist es, wenn dann beim ersten vorgesehenen Mondansitz gleich mehrere Jäger zeitgleich Ansitzeinrichtungen besetzen. Nach einigen Tagen intensiver Jagd kehrt dort wieder Ruhe ein. Bedenke: Durch intensive Jagd an der Kirrung ändern Sauen ihr Verhalten. Schwarzwild ist sehr lernfähig und ältere Stücke wissen sehr bald, wo im Revier Gefahr droht. Sie reagieren empfindlich auf Licht, meiden helle Nächte und verweilen kürzer an den Kirrungen.

Kontraproduktiv ist hoher, nahezu ständiger Jagddruck. Diesen erfährt Schwarzwild aber zunehmend, da es manche Jäger gibt, die meinen, auch in »stockdunklen« Nächten den Sauen nachstellen zu müssen. Doch die Schwarzkittel sind sehr lernfähig, stellen sich auch darauf ein und reagieren damit, dass sie noch heimlicher und unberechenbarer werden.

▶ Tipp

Wer nach der Ernte von Körnermais auf diesen Feldern die zu Boden gefallenen Kolben einsammelt, kann sich einen kostenlosen Maisvorrat anlegen. Ein weiterer Vorteil besteht darin, dass die abgesammelten Kolben vom Landwirt nicht in den Boden eingearbeitet werden. Das reduziert mögliche spätere Wühlschäden in der Saat.

Locken im Sommer die Feldfrüchte, macht Kirren wenig Sinn. Im Wald »füttert« man zumeist nur die kleinen Frischlinge, die mit ihren Bachen noch keine weiten Wege gehen. Ebenso kann auf Kirrung in Mastjahren verzichtet werden. Gibt es Eicheln und Bucheckern, rührt über viele Wochen so gut wie kein Schwarzkittel ein Maiskorn an.

Für oft stundenlange Ansitze in kalten Winternächten sind vor allem auch aus gesundheitlichen Gründen geschlossene Kanzeln vorzuziehen. Gut isoliert schlucken sie schneller mal ungewollt verursachte Geräusche. Bei bequemer Ausstattung lässt es sich darin aushalten. Man darf aber nicht meinen, dass solche Kanzeln winddicht seien. Weht der Wind in die falsche Richtung, werden die Sauen die zuvor regelmäßig angenommene Kirrung meiden.
Es obliegt einem jeden selbst, mit welchem Komfort eine Kanzel innen ausgestattet wird. Doch unbedingt zu beachten ist, dass Fenster und Tür geräuschlos zu öffnen und zu schließen und dass stabile Arm- und Gewehrauflagen vorhanden sind.

Bevor eine Kanzel aufgestellt wird, sollte man den künftigen Kirrplatz einige Zeit beschicken und seine Eignung prüfen. Ein mobiler Drückjagdbock oder eine Aluleiter sind zunächst ausreichend. So spart man sich unter Umständen viel Arbeitsaufwand, wenn der Platz nicht gerne angenommen wird.

Auch bei der Wahl des Kanzelstandorts gibt es einiges zu beachten:

- eine unproblematische Erreichbarkeit,
- die Möglichkeit zum leisen Angehen (Pirschweg),
- dass die Kanzel nahe zu frequentierten Waldwegen/Forststraßen steht,
- dass man zum Erreichen der Kanzel nicht über die Kirrung oder entlang des Einstands laufen muss,
- dass das Mondlicht den ansitzenden Jäger nicht blendet, so vor allem auch nicht beim Anvisieren durchs Zielfernrohr,
- dass sich der Kirrbereich nicht weiter als 30 bis 40 Meter vor dem Hochsitz befindet. So lässt sich bei schlechterem Licht besser ansprechen und ein Schuss gezielter antragen.

▼ *Selbst gebaute Kirrkiste aus Holz. Davon müssen mehrere über einen Kirrplatz verteilt stehen.*

KANZEL OPTIMIERT FÜR DEN SAUANSITZ

Das Angebot von Ansitzeinrichtungen ist groß, genauso wie Publikationen über deren Bau. Handwerklich geschickte Jäger packen diesen häufig selber an und bringen ihre eigenen Vorstellungen in das Modell »Marke Eigenbau« ein. Im Fachhandel allerdings gibt es offene wie auch geschlossene Kanzeln zu derart attraktiven Preisen, dass man diese kaum für weniger Geld selber bauen kann. Geachtet werden muss dennoch auf abgelagertes, trockenes Holz. Kanzeln aus dem Fachhandwerk sind professionell gebaut, sauber verarbeitet und überwiegend praxisgerecht ausgestattet. Qualitätsunterschiede finden sich dennoch. Wer wie der Autor seit über 40 Jahren Schwarzwild bejagt, somit unzählige Ansitzstunden – auch in Vollmondnächten – auf verschiedenen Ansitzeinrichtungen verbracht hat, legt großen Wert auf bestimmte Ausstattungsdetails. In Gesprächen mit auf Hochsitzbau spezialisierten Firmen wurde diskutiert, ob diese Details auch wirklich sinnvoll sind und umgesetzt werden können. Und finanzierbar muss das alles auch sein. Bei einem bayerischen Familienbetrieb hat der Autor offene Türen eingerannt. Notburga Lenz war gleich begeistert und hat angeboten, ein erstes Muster bauen zu lassen. Das wurde begutachtet, optimiert und schließlich in Produktionsreife gefertigt.

Worauf haben wir besonderen Wert gelegt?

- Sicherer Aufstieg, besonders bei Nacht und bei winterlicher Witterung: An der Kanzel befindet sich daher ein mit mehreren Schrauben befestigter Handgriff. Der gibt zusätzlich Halt beim Wechsel von der Leiter auf den Balkon und umgekehrt.

◀ *Das Kanzelmodell »Komfort« ist aus Lärchenholz gebaut. Das spricht für eine lange Lebensdauer.*

- Winterlich kalter Ansitz – dicke Kleidung am Leib, ein Rucksack auf dem Buckel und das Gewehr geschultert. Auf dem Rucksack eine Decke, unterm Arm ein Ansitzsack: Die Kanzeltüre ist leise und flüssig zu öffnen.
- Der oft enge Eingang ist verbreitert auf mindestens 75 cm. Da Holz arbeitet, haben die Verschluss-Außen- und Innenriegel der Türe ausreichend Spiel. Ansonsten klemmt es und verursacht Geräusche.
- Für stundenlange Ansitze bieten die Sitzbretter selten Komfort: Die Sitzbretter haben hier nun ausreichend Auflage für die Oberschenkel. Ihre Befestigungshöhe beträgt wie die optimale Sitzhöhe für Stühle 45 cm. Die Neigung und Höhe der Rückenlehne ermöglicht entspanntes, den Rücken schonendes Sitzen.
- Jäger mit Gast, jagdlichem Nachwuchs oder anderem Begleiter – da wird es mitsamt der Ausrüstung oft eng in der Kanzel, besonders im Winter: Folglich betragen die Maße der Kanzel geräumige 140 x 160 x 200 cm. Da kann man sich ausreichend bewegen und es lange aushalten.
- Hochsitzstandort an einem Hang, die Fenster sind werksseitig auf Standardhöhe. Da tut sich der Schütze schwer mit der Gewehrauflage: Mit geräuscharm zu bedienenden, auf unterschiedlichen Höhen anzubringenden Gewehrauflagen lassen sich bei diesem Modell die Schusswinkel meistern. Weiß man freilich im Vorfeld den Standort der Kanzel, können die Fensterhöhen bedarfsgerecht vorgefertigt werden.
- Armauflagen zur Optimierung der Schießleistung fehlen: Egal ob auf kurze oder weitere Distanz – zwei auf den Stirn- und Auflageseiten mit Gummi oder Filz unterlegte, stabile Armauflagebretter befinden sich im Hochsitz. Wichtig sind Befestigungspunkte in praxisgerechten Höhen.
- Die Distanz zwischen Sitzbrett und Gewehrauflage ist zu groß: Kommt Wild auf kürzere Distanz in Anblick und man macht sich schussfertig, sollte man unnötig viele Bewegungen vermeiden. Solche lassen sich durch eine zu Ansitzbeginn verschiebbare Sitzbank und zusätzlich passende Gewehrauflagen reduzieren.

▲ *Dank Gasdruckausstellern lassen sich die massiven Fenster sehr leise öffnen.*

- Fenster lassen sich häufig nicht geräuschlos öffnen. Mit Gasdruck-Fensterausstellern ist das möglich. Außen über den Fenstern angebrachte Mondblenden aus Holz sind ein sinnvolles Detail.
- Wohin z. B. mit der Optik: Eine mit einer kleinen Gummimatte bedeckte, ausreichend große Ablagefläche ist hilfreich. Ein Fernglas möchte man bei stundenlangen Ansitzen griffbereit und sturzsicher ablegen können.
- Wärme- oder Geräuschdämmung in der Kanzel: Darauf wurde an den Wänden verzichtet. In dem Material nistet sich nur Ungeziefer ein. Zur Geräuschdämmung liegt lediglich auf dem Boden z. B. eine Filzmatte oder ein Stück Kunstrasen.

▲ *Saubere Verarbeitung, beste Holzqualität. Die bequeme Sitzbank lässt sich verschieben. Mit Filz bezogene Gewehr- und Armauflagen sind vielseitig einzusetzen.*

- Lärchenholz sorgt für Langlebigkeit von Kanzel und Bockgerüst.
- Geschlossene Kanzeln sollten auch geschlossen sein: Undichte Türen und Fenster und sonstige Schlitze sind beliebte Einflugstellen für allerlei Insekten. Daher ist passgenaue Verarbeitung erforderlich. Eventuell auftretende Astlöcher werden abgedichtet.

So lassen sich mit ein klein wenig Geschick auch im Revier vorhandene Kanzeln optimieren. Mit einem am richtigen Standort stehenden, praxisgerecht ausgestatteten Hochsitz lässt sich der Jagderfolg jedenfalls steigern.

SUHLEN UND MALBÄUME

Nur wenn sich ausreichend Suhlen und Möglichkeiten zur Wasseraufnahme im Revier befinden, fühlen sich Sauen auf Dauer wohl. Fehlt es im Revier in Trockenperioden an Wasser, wandert Schwarzwild aus dem Revier ab und sucht sich zeitlich befristete Einstände auch im Feld. Dort deckt es seinen Wasserbedarf über die Aufnahme von Pflanzensäften. Gerade in langen und heißen Sommern kann es dann zu erheblichen Schäden an den saftigen Fruchtkörpern von Kartoffeln, Futter- und Zuckerrüben kommen.

Kleine und nicht allzu tiefe Wasserflächen im Revier sowie Flachwasserzonen größerer Teiche und Seen nutzen Sauen als Suhlen. Sie wollen sich an heißen Sommertagen in ihnen kühlen. Aber auch im sonstigen Jahresverlauf suchen sie regelmäßig diese Orte auf, um sich des Ungeziefers zu entledigen. Sauen nehmen Suhlen an – natürlich nur so lange, wie diese nicht zugefroren sind. In sehr warmen Sommern geht das Schwarzwild gleich nach Verlassen der Ruhekessel direkt zu den Suhlen, oft sogar bei noch vollem Licht. Beinhalten diese genug Wasser, wird erst einmal ausgiebig geschöpft, um sich dann genüsslich im matschigen Randbereich zu suhlen. In Trockenphasen sollte der Heger Wasser in Suhlen schütten. Neben einer sicherlich angenehmen Abkühlung geht es den Sauen insbesondere um

▼ *Suhlen und Malbäume sind wesentliche Anlaufpunkte im Schwarzwildeinstand. Das Schlammbad dient den Sauen zur Körperpflege.*

◀ *Sauen werden vom rauchigen Geruch und besonders den Komponenten des pheromonhaltigen Buchenholzteers angezogen und auch ans Revier gebunden.*

die Bekämpfung lästiger Außenparasiten wie Flöhen, Zecken und Haarlingen. Mit einer dicken Schlammschicht überzogen, können diese nicht mehr atmen und trocknen mit der Schlammpackung ein. An einem Malbaum mit grober Rinde, der sich in unmittelbarer Nähe einer Suhle befinden sollte, werden die Quälgeister dann abgescheuert. Man erkennt diesen von Weitem am getrockneten, hellen Schlamm.

Sauen bevorzugen Bäume mit grober Borke oder Nadelbäume, da diese nach einer gewissen Zeit der intensiven Benutzung auch obendrein noch harzen. Manche Malbäume werden so heftig und oft benutzt, dass die Rinde ringsherum abgewetzt wird und die Bäume dann mangels Saftfluss absterben. An der Höhe der Malstellen kann der Jäger in etwa die Höhe und Stärke der Sauen ausmachen. Zusätzlich finden sich am Boden häufig Trittsiegel, die auf die Stärke der Besucher schließen lassen. Starke Keiler haben oft eine Widerristhöhe von einem guten Meter. Um den Besuch an Suhle und Malbaum zu erhöhen, versieht man, bitte ausschließlich wertlose, Bäume oder höhere Baumstubben mit einem Anstrich von reinem Buchenholzteer. Wir können an diese mit der Motorsäge zusätzlich etwa zwei Zentimeter tiefe, quer zum Stamm verlaufende Schnitte setzen, in denen der Buchenteer deutlich länger haftet. So ist auch bei starker Benutzung durch die Sauen ein erneuter Anstrich oft erst nach sechs bis sieben Wochen nötig. Schwarzwild wird magisch von dem intensiven, rauchigen Geruch nicht selten über weite Entfernungen dorthin regelrecht angezogen. Haben wir keine geeigneten Malbäume in der Nähe der Suhle, sollten geeignete Stämme mit rauer Rinde etwa 80 Zentimeter tief in den Boden eingegraben oder eingeschlagen und anschließend mit Buchenholzteer bestrichen werden. Eine enorme Lockwirkung hat mit Pheromonen versetzter Buchenholzteer. Salzlecken sollten ebenfalls in unmittelbarer Nähe zu Suhlen eingerichtet werden. Sie sorgen an diesen kommunikativ wichtigen Plätzen für zusätzliche Attraktivität.

In Waldrevieren mit einem relativ hohen Grundwasserstand ist die Anlage von künstlichen Suhlen überflüssig, denn das Wild richtet sich diese an geeigneten Stellen selbst ein. Je trockener aber die Böden sind, desto wichtiger wird die Anlage von Suhlen, vor allem wenn wir Rot- und Schwarzwild an das Revier binden wollen.

Die besten Plätze

Eigentlich gibt es kaum ein Revier, in dem wir keine tiefer gelegenen Stellen finden, die staunass sind oder wo wir mit mäßigen Grabaktivitäten nicht bald an das Grundwasser gelangen. Man-

▲ *Sobald die Frischlinge ihre Streifen verlieren, sind auch sie von dem nassen Schlamm der Suhle fasziniert und ahmen wenig später das Suhlen ihrer großen Verwandten eifrig nach.*

ches Mal lassen sich mit geringem Nachhelfen Gräben oder Rinnsale so erweitern, dass sie zu immer feuchten Standorten werden. Wer sein Revier aufmerksam durchstreift, wird die richtigen Plätze für eine sinnvolle Anlage erkennen. Gut geeignet sind Geländemulden, feuchte Senken, alte Gräben und Nordrandlagen von Altholzbeständen, die am Hang und möglichst unter Bäumen oder Sträuchern liegen. Dort sind sie nur kurzfristig der direkten Sonne ausgesetzt. Lehmige oder tonige Untergründe sind ideal. Auch wenn das Ausgraben der Gewässermulde etwas mühsam ist, halten solche Suhlen das Oberflächenwasser gut, das aus dem Hang drückt oder an ihm herabläuft. Durch geschickt angelegte hangparallele Rinnen wird das anfallende Regenwasser dort eingeleitet. Bei lehm- und tonhaltigen Böden reichen oft auch die mit einem Harvester oder Rückefahrzeug entstandenen Fahrrinnen aus, um dem Wild eine Basis zum Suhlen zu geben. Mit diesen tonnenschweren Fahrzeugen entstehen bei mehrmaligem Befahren nicht nur breite »Gleise«, sondern auch eine starke Bodenverdichtung. Reisig, Äste und Baumstämme müssen aus Suhlen entfernt werden. Das Material stört das Schwarzwild beim Suhlen. Es liebt den glatten, breiigen und nassen Boden.

Alternativ bietet sich die Möglichkeit, eine 10 bis 20 Quadratmeter große, nach allen Seiten flach auslaufende Mulde oder ovale Wanne zu bauen. Sauen suhlen nur ungern in tiefem Wasser und wollen auf jeden Fall aus der »Badewanne« herausschauen können.

Die geplanten neuen Wasserstellen müssen in einem ruhigen und deckungsreichen Revierteil nahe zum Einstand angelegt werden. Regelmäßig austrocknende Suhlen verlieren rasch ihre Anziehungskraft, wenn sie nicht immer entsprechend nass gehalten werden. Daher sollte man bei deren Anlage berücksichtigen, dass sie bei Trockenheit von einem Traktor mit Wasserfass angefahren werden können.

Die einfachste und günstigste Variante zum Bau von Suhlen bieten bereits vorhandene tiefe Gräben, die infolge des abgesenkten Wasserspiegels in Trockenzeiten zwar kein Wasser mehr führen, aber immer noch eine staunasse Sohle besitzen. Mit einem Spaten oder Bagger wird ein Damm leicht aufgeschüttet, etwas tiefer eine Sohle angekratzt und Wasser eingefüllt und darin etwas Mais ausgestreut. Dazu ein paar Spritzer Buchenholzteer – das reicht in der Regel aus, dass die neue Suhle sehr bald angenommen wird.

▲ *Schlammspritzer, Biss- und Schlagstellen in der Borke sowie Trittsiegel an den Wurzelausläufern verraten uns Schwarzwild als Besucher.*

Das richtige Schlamm-Rezept

Bedeutend aufwendiger und teurer ist der Bau einer so genannten Lehmsuhle. Nachdem eine entsprechend große Wanne von mindestens 30 Quadratmetern etwa einen Meter tief ausgebaggert wurde, füllen wir anschließend eine Ladung frischen Lehm oder Ton wieder ein, den wir gut anfeuchten und mit der Baggerschaufel fest in die Wanne drücken und streichen.
Wir können diese Lehmschicht auch mit Bagger oder Traktor festfahren. Eine weitere Lehmschicht bringen wir mit einer Beimischung von etwa 50 Kilogramm Viehsalz in die Suhle ein, um das Wild anzulocken. Anschließend wird auch diese Schicht verdichtet und etwas Wasser eingefüllt. Breit in den Matsch ausgestreuter Mais veranlasst nach Fraß brechende Sauen, den Lehmboden mit ihren Schalen und dem Wurf weiter zu verdichten, bis die Wanne das eingefüllte oder durch Regen aufgenommene Wasser von alleine hält.

Werden solche Lehmsuhlen zu klein dimensioniert angelegt, trocknen sie in aller Regel sehr schnell aus und müssen kosten- und arbeitsintensiv unterhalten werden, wenn sie ihre Wirkung nicht verlieren sollen. Den Aushub verteilen wir gleichmäßig in der Umgebung oder fahren ihn ab. Nicht jeder Waldbesucher wird so auf unser Projekt aufmerksam gemacht. Sauen rutschen gerne auf Erdhügeln herum. Befindet sich das Erdreich unmittelbar an der Suhle, kann der Aushub wieder in die Suhle hineingelangen.

In der Literatur wird immer wieder über den Bau von Suhlen mit Folien oder aus Betonwannen berichtet. Von beiden Bauarten sollte man Abstand nehmen. Weder haben große Mengen Beton noch irgendwelche Plastikfolien etwas im Revier verloren! Ganz abgesehen davon ist deren Anlage extrem teuer und im Hinblick auf ihre

▲ *Von Zeit zu Zeit müssen Suhlen kontrolliert und bei Bedarf gepflegt werden. Insbesondere mögen Sauen keine Äste in der Schlammpackung und werden es durch Fernbleiben deutlich zeigen.*

Nutzungsdauer unbefriedigend. Eine Betonwanne, die in Wandstärke und Frosttiefe nicht optimal ist, bekommt bei hohen Temperaturunterschieden Spannungsrisse, die durch starken Frost relativ schnell erweitert werden. Die Wanne wird somit schnell undicht und erfüllt ihren Zweck nicht. Abbau und Entsorgung von Beton und Bewährungseisenmatten könnten aus Bequemlichkeit oder Kostengründen unterbleiben. Solche Hinterlassenschaften gehören nicht in die Natur und geben kein gutes Bild vom Jäger in der Öffentlichkeit ab. Ähnlich verhält es sich mit Plastik- oder Teichfolien. Die sind teuer und zusätzlich empfindlich gegenüber Sonnenlicht, das den Weichmacher in ihrer Struktur angreift und die Folien brüchig werden lässt. Zudem werden die Folien in kürzester Zeit von den scharfkantigen Schalen und von der Wühltätigkeit der Sauen zerstört, sodass sie ebenfalls undicht werden.

Das sollte man wissen

Damit Suhlen und Tränken zur Wildbeobachtung und zeitweise auch für die Jagd genutzt werden können, sollten wir Folgendes berücksichtigen:

- Es ist von Vorteil, wenn wir Suhlen direkt im Einstand, also auf einer kleinen Blöße inmitten einer Dickung anlegen. Dafür bietet sich auch ein etwas Sicht gebender Altholzstreifen an, der zwischen zwei großen Einstandsdickungen liegt. Nicht selten kann man im Hochsommer an schwülheißen Tagen gerade hier abends und morgens bei vollem Licht, nicht selten sogar zur Mittagsstunde Sauen antreffen, wenn sie zur Suhle ziehen. Dann kann ein Wahlabschuss durchgeführt werden und beschossenes Wild in den Tag hinein nachgesucht werden, ohne dass es zu verhitzen droht.

ANLEGEN EINER »NATÜRLICHEN« LEHMSUHLE

Nur mit Suhlen im Revier fühlen sich die Schwarzkittel »sauwohl«. Finden sich nicht genügend natürliche Möglichkeiten oder liegen sie am falschen Ort, helfen wir nach. Und das ist gar nicht so schwierig, denn es gibt wohl kaum ein Revier, wo sich keine geeigneten Stellen finden lassen.

An tief gelegenen staunassen Stellen, die fast an das Niveau vom Grundwasser reichen, mangelt es normalerweise nicht. Damit sie auch gerne vom Schwarzwild besucht werden, wählen wir vorrangig solche aus, die in ruhigen Revierteilen nahe dem Tageseinstand liegen. Ganz ideal sind sonnenbeschienene Blößen inmitten von Dickungen. Dort kann man die Sauen bereits tagsüber an besonders warmen Sommertagen beobachten.

Wer nicht nur beobachtet, sondern hier auch einen ganz verhaltenen Wahlabschuss besonderer Stücke beabsichtigt, muss unbedingt vorher die Windverhältnisse und das Büchsenlicht/Mondlicht prüfen.

Mit einer möglichst breiten Baggerschaufel heben wir eine genügend große, aber vor allem flache Wanne aus. Sauen mögen nicht über hohe Kanten in die Suhle steigen, sondern lieben den breiig-schlammigen Randbereich.

Gibt es die Möglichkeit, kleine Rinnsale oder verlandete Gräben leicht anzustauen oder in unsere Suhle umzuleiten, nutzen wir diesen Vorteil.

Wir sollten ins Kalkül ziehen, vielleicht die eine oder andere natürliche Suhlmöglichkeit mehr anzulegen. Bei wasserdurchlässigen Untergründen können wir Lehm oder Ton einbringen und durch Festfahren eine wasserhaltende Schicht modellieren. Die zusätzliche Einrichtung eines Malbaumes mit Buchenteer und einer Salzlecke in unmittelbarer Nähe sind ideal.

Materialbedarf

- Minibagger oder kleiner Radbagger mit breiter Grabenschaufel
- Gegebenenfalls einen großen Anhänger mit Ton
- Zwei Helfer mit Schaufeln, Rechen
- Motorsäge für die Salzlecke
- Salzleckstein und grobes Salz, etwas Körnermais zum Aktivieren
- Buchenholzteer

1 An Stellen, wo der Grundwasserspiegel schnell erreicht ist, ziehen wir mit dem Bagger eine flache Wanne aus und verdichten die Sohle entsprechend.

2 Wichtig sind die lang ausgezogenen Ufer der Suhle, denn Schwarzwild nimmt nur Suhlen an, aus denen heraus es die Umgebung im Auge behalten kann.

3 Wenn Suhlen neu angelegt sind oder alte nicht mehr intensiv angenommen werden, reichen ein paar Hände voll Mais oder grobes Viehsalz, um sie schnell wieder attraktiv zu machen.

4 Während längerer Trockenphasen können Suhlen austrocknen. Wenn wir sie mit einem Wasserfass anfahren können, sollten wir es unbedingt tun und mit dem kühlen Nass nachhelfen.

5 Bereits nach wenigen Tagen haben die Sauen das aufgeweichte Erdreich zu einer geschmeidigen Schlammpackung verarbeitet, die wieder Lust auf Suhlen macht. An den Fährten sieht man sofort, dass sie dort waren.

1
2
3
4
5

▲ *Gierig nehmen die Frischlinge den salzigen Boden um die Lecke herum auf, während die Bache sichert.*

▼ *Nach einem ausgiebigen Bad in der Suhle scheuert sich diese Überläuferbache genussvoll die Schwarte am Malbaum. An den Borsten anhaftende Buchenteerreste weisen anderen Sauen später den Weg dorthin.*

• Jagdausübungsberechtigte, die in ihrem Revier eine Suhle anlegen möchten, sollten berücksichtigen, dass man am vorgesehenen Ort für die Bejagung von Sauen sowohl langes Büchsenlicht hat und auch der Mond diese ausreichend bescheinen kann. In mäßiger Entfernung brauchen wir unbedingt einen Hochsitz, den der Jäger möglichst bei jeder Hauptwindrichtung über gute Pirschwege erreichen und verlassen kann. Diese dürfen nicht über Hauptwechsel führen. Zudem ist zu beachten, dass vom Hochsitz aus bei Mondlicht Sauen ohne Probleme beschossen werden können. Des Weiteren darf der Hochsitz wegen möglichen Fallwinden und dem Schusswinkel nicht zu nah an die Suhle gestellt werden.

Wer also ein paar Dinge beachtet, kann mit relativ wenig Aufwand den Lebensraum für Schwarzwild deutlich attraktiver machen. Wer allerdings eine Suhle als reinen »Wellnessbereich« anlegt, der nutzt den Hochsitz zur Beobachtung. Das Erlegen sollte sich auf besondere Ausnahmen beschränken.

ERFOLGREICH AUCH IN MASTJAHREN

Wenn im Herbst Eicheln und Bucheckern fallen

Tragen Eichen und Buchen starke Mast, erschwert das die Schwarzwildbejagung. Um in Mastjahren trotzdem Beute zu machen, muss strategisch vorgegangen werden. Dem erfahrenen Schwarzwildjäger sind die Folgen solcher Jahre gut bekannt: Sauen nehmen nur sehr selten Kirrungen an. In Feldrevieren macht sich Schwarzwild rar, weil es in den Wäldern steckt und dort seinen Nahrungsbedarf nahezu ausschließlich mit Eicheln und Bucheckern deckt. Eine Bejagung nach »Plan« ist nahezu nicht mehr möglich, weil das Schwarzwild zum Teil nicht mehr standorttreu an seine Einstände gebunden werden kann. Sauen »fehlen« daher oftmals bei Bewegungsjagden, weil sie in mastreiche Reviere gewechselt sind. Doch auch dort bewegen sie sich wegen des überreichen Fraßangebots kaum. Man kann über Wochen den Eindruck gewinnen, dass es kein Schwarzwild mehr im Revier gebe. Und wenn sie ziehen, sind sie heute hier, morgen dort. Kurzfristig gesehen bedeutet eine starke Waldmast aber auch eine deutliche Senkung von Wildschäden in der Landwirtschaft. Spürbar ist das vor allem in Maisanbaugebieten, da das erste Fallen der Baumfrüchte meistens mit der Maisreife zusammenfällt. Je trockener der August ist, desto früher fallen die Waldfrüchte. Sauen ziehen Eicheln und Bucheckern allem anderen Fraß vor.

Als Folge der einseitigen stärkehaltigen Nahrungsaufnahme kann es bereits ab dem Spätherbst zu Wühlschäden im Grünland kommen. Die können massiv sein und in milden Wintern bis weit in das folgende Frühjahr hinein auftreten. Schwarzwild benötigt als Ausgleich tierisches Eiweiß, das es in Böden findet – solange diese nicht gefroren sind.

Um Grünlandschäden in den Griff zu bekommen, muss auf den Schadensflächen intensiv gejagt werden. Wenn es das jeweilige Landesjagdgesetz erlaubt, sei empfohlen, mit Schwarzwild-Additiv getränkten Körnermais in den Buchen- und Eichenbeständen auszubringen. Es ist eine effektive Möglichkeit, so dem Schwarzwild das benötigte Vitamin B_{12} zu verabreichen, denn es nimmt jegliche Kirrungen ja nur in Ausnahmefällen an. Wühlschäden lassen sich damit merklich reduzieren. Nach Mastjahren steigt die Reproduktion gewaltig an, sofern nicht in einem Winter mit Schnee über einen längeren Zeitraum intensiv und

▼ *Wenn etwa ab Mitte Oktober die Waldfrüchte zu Boden fallen, sind Sauen in alten Eichen- und Buchenbeständen zu finden.*

▲ *Eicheln ziehen Schwarzwild magisch von weit her an. Kirrungen sind dann überwiegend verwaist.*

▼ *Nach dem Fraß von Eicheln und Bucheckern kommt es vermehrt zu Wühlschäden in Grünland.*

effektiv auf der Einzel- und vor allem auf Drückjagden gejagt werden kann. Denn neben den adulten Bachen und den Überläuferbachen können fast alle strammen weiblichen Frischlinge (bereits um 25 kg) in die Rausche kommen und erfolgreich beschlagen werden.

Wer Sauen wildbiologisch richtig bejagt und den Feldrevieren eine auf den Schaden bezogene »Verschnaufpause« gönnen will, wird bis zum Abernten der Feldfrüchte nur eingeschränkt im Wald Sauen bejagen und sie vielmehr in den Laubholzbeständen vertraut nach Waldfrüchten brechen lassen. Zeitig ab Oktober angesetzte, großräumige (am besten revierübergreifende) Bewegungsjagden versprechen die besten Erfolge, den Bestand zu verringern. Keinesfalls dürfen die Revierverantwortlichen den Überblick verlieren und das Ganze in hysterische Massenveranstaltungen verkommen lassen.

Schlechtere Karten haben Ansitzjäger, die Sauen überwiegend an Kirrungen erlegen. Leider hört bei manchen »Schwarzwildjägern« der Einfallsreichtum jenseits der Kirrjagd auf. Dabei gibt es gerade auf das Schwarzwild bezogen eine ganze Bandbreite von interessanten und spannenden Jagdarten. Diese reichen vom Ansitz auf mobilen Ansitzeinrichtungen an Wechseln und in den Mastbaum-Beständen, dem Ansitz in der Nähe einer Suhle oder an Schadflächen bis hin zur kleineren Gesellschaftsjagd bei einer Neuen auf gekreiste Sauen. Um dabei erfolgreich zu sein und nicht irgendwo vergebens auf Sauen zu warten, muss man im Vorfeld aktiv werden. Dazu gehört das fast tägliche Abfährten, um über alle aktuellen Vorgänge und Schwarzwildbewegungen informiert zu sein. Doch auch auf diese Methoden ist in Jahren mit starker Mast nicht wirklich Verlass, weil Sauen dann oft zu unstet sind.

Die Pirsch nach dem Laubfall bei Mondlicht, zur Rauschzeit oder im verschneiten Winterwald hat ihre besonderen Reize und kann effektiv sein.

Das Anlegen von Pirschwegen in die Mastbaum-Bestände ist hilfreich, macht aber erst nach dem Laubfall Sinn. Je nach Störungen im Revier sind Sauen durchaus abends früh unterwegs und ziehen morgens erst spät zurück in den Einstand. Der pirschende Jäger rückt erst aus, wenn der Mond so hoch steht, dass er ausreichend Licht in die Baumbestände wirft. Der Vorteil davon ist, dass Sauen bereits im Gebräch stehen und mit der Fraßsuche beschäftigt sind. Bei Frost und Harschschnee sitzt man an, da jeder Schritt des Jägers verräterisch ist.

Doch es gibt Jahre, da lehrt das Schwarzwild uns Jäger immer wieder sein unterschiedliches Verhalten. Vor allem bei Schnee und Frost ist das feiste Wild tage-, mitunter wochenlang regelrecht abgetaucht. Wir glauben zu wissen, wie man Sauen effektiv bejagt – und werden in Mastjahren enttäuscht. Bewegungsjagden bringen mitunter nicht den erhofften Erfolg. Ansitze an Kirrungen und Hauptwechseln sind oft vergeblich. So bietet die Jagd immer wieder Neues!

▲ *Das umgebrochene Laub in Altholzbeständen verrät die Anwesenheit von Sauen.*

▼ *In Jahren mit Vollmast findet nicht nur das Schwarzwild bis nach dem Auszug des Winters reichlich Waldmast. Hier hat es unter alten Eichen gebrochen.*

DER PALETTENSCHIRM

Schirme sind eine schnelle und kostengünstige Alternative zu allen anderen Ansitzeinrichtungen. Allerdings muss immer ein gewachsener Kugelfang gegeben sein. Sie eignen sich ideal für jagdliche Brennpunkte, wie bei der Wildschadensverhütung im Feld oder als »Pionier« an Flächen, die neu für die Jagd erschlossen werden sollen. An bewährten Plätzen sind kompakte, fest eingebaute Schirme erste Wahl, denn sie haben den großen Vorteil, dass sie sich optimal in die natürliche Umgebung geschickt einbauen und tarnen lassen.

Ein paar Paletten und los geht's

Unser Schirm wird hauptsächlich aus Einwegpaletten, wenigen Kanthölzern und Dielenbrettern gebaut. Die Beplankung der Paletten liefert bereits einen guten Sichtschutz. Sie können zusätzlich mit einem Tarnnetz oder Fichtenzweigen verblendet werden. Mit dieser einfachen Bauweise gelingt nicht nur eine äußerst zweckmäßige und ansehnliche Reviereinrichtung in kürzester Zeit – Paletten, die sich vielleicht im Holzschuppen angesammelt haben, werden ideal »recycelt«. Da die geläufigen Einwegpaletten zudem Idealmaße (100 × 120 cm) haben, finden zwei Personen im Schirm Platz. Mit der Auflagenhöhe von einem Meter treffen wir ebenfalls einen Idealwert, mit dem Jäger fast aller Körpergrößen zurechtkommen.

Materialbedarf für einen Palettenschirm

- 3 Einwegpaletten (100 × 120 cm)
- 4 Pfosten (8 × 8 cm, ca. 130 cm lang), einseitig angespitzt, aus Eiche, Douglasie oder Lärche
- 4 Dielenbretter (4 cm stark, 10–15 cm breit, ca. 125 cm lang), je zwei als Sitzbrett und Sitzauflagehölzer
- 1 breites Brett (2,5–3 cm stark, 25–30 cm breit, ca. 140 cm lang) als Gewehrauflage
- Nägel (120er) oder Spaxschrauben

Werkzeug

- Motorsäge inkl. Schutzausrüstung
- ggf. Akkuschrauber
- Wasserwaage
- Zollstock
- Latthammer
- Vorschlaghammer
- Hacke und Laubbesen

1 Das vorbereitete Material für den Palettenschirm.

2 Mit der Ladefläche nach innen stellen wir die Paletten so auf, dass die aufrechte Seite die kürzere mit 100 cm ist. In die beiden seitlichen Paletten schlagen wir jeweils vorne und hinten die beiden Pfosten ein.

3 Mit Nägeln oder Spaxschrauben befestigen wir das Seitenteil an den Pfosten.

4 Überstehende Enden der eingeschlagenen Eckpfosten sägen wir anschließend mit der Schirmoberseite plan.

5 Mit dem Zollstock messen wir die Höhe für die seitlich anzubringenden Auflagehölzer für das Sitzbrett aus. Der Abstand Oberkante Sitzbrett zu Oberkante Gewehrauflage sollte 50–52 cm betragen.

6 Die seitlichen Sitzbrettauflagen werden in die Waage gebracht, an den jeweiligen Pfosten befestigt und die beiden Sitzbretter werden auf genaues Maß abgelängt.

7 Das breite Brett für die Gewehrauflage kommt als Letztes auf die Brüstung und kann zudem als Fernglasablage dienen. Selbst für weite Schüsse ist es so breit, dass der Jäger einen Sandsack oder den Lodenmantel als weiche Auflage für das Gewehr ausbreiten kann.

1
2
3
4
5
6
7

GEMEINSAM JAGEN

Um den Schulterschluss bei der Bejagung von Schwarzwild zu vollziehen, kommen Jäger um gemeinschaftliche Jagden nicht herum. Zuvor aber gibt es reichlich zu bedenken, zu planen und zu organisieren.

BEWEGUNGSJAGDEN ORGANISIEREN

Mit Strategie und Akribie

Revierübergreifende Drückjagden sind eine weitere wichtige Maßnahme zur Bestandsreduzierung. Die Zeiten sind vorbei, dass diese auch als ein gesellschaftliches Ereignis angesehen wurden. Revierinhaber, die erstmals auf den Erfolg solcher Gesellschaftsjagden setzen, werden möglicherweise enttäuscht sein. Zunächst wird man Lehrgeld zahlen. Derart große Jagden müssen nämlich absolut professionell geplant und durchgeführt werden. Jeder an einer revierübergreifenden Jagd beteiligte Jagdausübungsberechtigte muss voll hinter der Planung stehen. Zu sagen: »Na gut, da hocken wir uns auch mal raus«, verdammt die Jagd von vornherein zum Scheitern. Es macht nur Sinn, wenn alle an einem Strang ziehen, Großprivatwaldbesitzer und Staatsforst eingeschlossen.

▼ *Erhöhter Drückjagdstand und Warnkleidung dienen der Sicherheit und dem Jagderfolg.*

Gemeinsam geht man an die Planung sowie Vorbereitung und jagt dann freilich auch miteinander! In den großen Waldungen sind zumeist die Haupteinstände des Schwarzwildes – und dort gibt es keinen Wildschaden –, aber draußen im Feld bei den Pächtern gemeinschaftlicher Jagdbezirke. Daher sollten Feld- und Waldjäger sich ergänzen.

Gemeinsam planen

Zur Durchführung einer revierübergreifenden Jagd bestimmt die Versammlung der Revierinhaber die Hauptorganisatoren. Mithilfe von Kartenmaterial wird einvernehmlich die zu bejagende Fläche festgelegt. Man muss zuallererst hinterfragen, was Sinn macht und ob Revier- sowie Infrastrukturen Gefahren für die Öffentlichkeit und die Jagdteilnehmer nahezu ausschließen. Ein gewisses Restrisiko bleibt (leider) immer. Beispiel: Eine solche weiträumige Jagd zu organisieren wäre unverantwortlich, wenn ungeschützte Schnellstraßen wie Autobahnen oder Bundesstraßen und auch Eisenbahntrassen (fehlende Wildschutzzäune) im oder am Rande des Jagdgebiets liegen.

Welch unsinniger Aufwand, mag möglicherweise ein Jäger »alter Schule« denken. Nein, im Gegenteil. Die »alten Zeiten« gibt es nicht mehr, als sich ein Schütze beim Anstellen seinen Stand nach eigenem Gusto suchen konnte.

Sämtliche in der Gemeinschaft getroffenen Absprachen sind ohne Wenn und Aber bindend. Fehlt einem Revierinhaber bislang die Erfahrung, sollte er sich einen erfahrenen Berater (z. B. Berufsjäger, bestätigter Jagdaufseher) an die Seite nehmen. Welche Person die Verantwortung als Jagdleiters trägt, bestimmt aus Haftungsgründen jedes Revier für sich! Der Jagdleiter hat auch die Jagdscheine zu kontrollieren oder er delegiert es an Helfer.

▶ Hinweis

Ein großer Teil der in diesem Beitrag gemachten Empfehlungen sind auch zur Planung und Durchführung von Drückjagden in lediglich einem Revier umsetzbar.

Anlässlich dieser und weiterer Versammlungen wird festgelegt, welche Personen verantwortlich sind für unterschiedliche Aufgaben und Absprachen mit der Polizei, dem Landrats- oder Bürgermeisteramt, der Straßenmeisterei, den Jagdgenossen. Jeder Hauptverantwortliche erhält ein Infoblatt, auf dem die Mobiltelefonnummern der Jagdleiter, der Polizei, von Notarzt/Rettungsleitstelle, der Tierklinik vermerkt sind. All diese sind frühzeitig vom Jagdtermin und zum Ablauf zu

▼ *Leichte »Hocker« aus Kanthölzern, beispielsweise Ständer 6 × 6 × 260 cm, Standbretter 4 × 6 × 100 cm.*

▼ *An Straßen Hinweisschilder aufstellen und möglichst auch eine Geschwindigkeitsreduzierung erwirken.*

◀ *Die vom Jagdleiter bestimmten Ansteller (Gruppenführer) weisen jeden Schützen an dessen Stand genau ein und holen ihn auch dort wieder ab.*

informieren. Entsprechende Absprachen sind zu treffen. Beim Thema Abschussfreigabe ist nicht immer Übereinstimmung zu erzielen. Abhängig ist die Freigabe zum einen von der revierspezifischen Höhe der Abschusspläne und deren Erfüllung bis zum Zeitpunkt der Jagd. Bei der Freigabe verschiedener Wildarten muss unbedingt beachtet werden, was das jeweilige Landesjagdgesetz vorschreibt.

Revierkarten dienen nicht nur zur besseren Übersicht, sondern auch als Arbeitskarten. Auf deren Basis wird später die Standkarte erstellt. Arbeitskarten erhalten neben der Jagdleitung die Revierinhaber und alle Schützen-Gruppenleiter (Ansteller) und Treiberführer. Am Jagdtag bekommen Jagdgäste vom Gruppenleiter eine Standkarte ausgehändigt. Aus der kann zu ersehen sein:

- wo sich ihr nummerierter Stand befindet,
- wo Nachbarstände sind,
- ob gegebenenfalls eine Pause zum Lüften (Bauchdecke mit kleinem Schnitt ein wenig öffnen) erlegten Wildes eingelegt wird,
- wo sich der Sammel- und der Aufbrechplatz befinden,
- Uhrzeit des Jagdbeginns und -endes,
- eine unmissverständliche Abschussfreigabe,
- die Mobilrufnummer vom Jagdleiter und Ansteller oder einer anderen verantwortlichen Person,
- die Rufnummern von Polizei, Notarzt, Tierarzt,
- wo sich mögliche Notrettungswege oder Rettungspunkte befinden.
- Zusätzlich lässt man auf der Standkarte ein wenig Platz für vom Gastjäger vorzunehmende Eintragungen zu Anschüssen, Wildbeobachtungen, Wechseln oder zur Standbewertung.

Es obliegt den Jagdausübungsberechtigten, gemeinsam festzulegen, ob einige Tage oder gar Wochen vor der Drückjagd in allen Revieren Jagdruhe herrschen soll! Es empfiehlt sich, die Entscheidung jedem einzelnen Verantwortlichen freizustellen.

Individuell planen

Nachdem die gemeinsamen Planungen und Vorbereitungen abgesprochen sind, hat ein jeder Revierleiter/Jagdausübungsberechtigte mit dem bereits bestimmten Jagdleiter und weiteren Helfern im eigenen Revier reichlich zu tun. Vieles ergibt sich aus dem zuvor Gesagten, muss umgesetzt und individuell ergänzt werden.

- Die Grundplanung wird gerne unterschätzt.
- Treiber, Stöberhundeführer und Nachsuchengespanne frühzeitig informieren. Vor allem gute, erfahrene Hunde sind begehrt und schnell ausgebucht.
- Einladungen an Jagdgäste (Bläser) verschicken.
- Deutlich auf die UVV verweisen. Warnwesten, Treiberwesten bereithalten. Gäste auffordern, diese mitzubringen. Schützen müssen Warnwesten/-jacken ab Ausrücken vom Sammelplatz, während der Jagddauer am Stand (und bitte nicht über die Brüstung legen!) bis zur Rückkehr an den Streckenplatz sichtbar am Oberkörper tragen!

▲ *Die Festlegung der Schützenstände bedarf besonderer Sorgfalt. Sicherheit ist auch dort immer oberstes Gebot. Deutlich sichtbare Markierungen, wie hier durch rote Pfeile an Bäumen, weisen auf Schussverbotszonen hin.*

- Die Anzahl und Standorte der Schützenstände (Schirme; Drückjagdstände; Leitern, auf denen man auch stehen und sich drehen kann. Kanzeln sind ungeeignet!) werden festgelegt und hergerichtet. Je nach Geländebeschaffenheit wird idealerweise schon jetzt auf Kugelfang geachtet!
- Stände nummerieren, freischneiden und unbedingt im Grenzbereich mit dem Jagdnachbarn abstimmen.
- Gefährliche Schussbereiche ausweisen und markieren, bei Bedarf Schussdistanz eingrenzen.
- Jagdstände mit Nummern in die Standkarte einzeichnen. Wegen möglicher kurzfristiger Absagen empfiehlt es sich, keine Namen der Teilnehmer daraufzuschreiben.
- Lieber weniger Schützen einladen. Auf kleiner Fläche (Distrikt) aber eher zu viele Schützen als auf großer Fläche (Distrikt) zu wenig! Nicht vergessen, Erfolg versprechende Plätze an Fern- und Rückwechseln zu besetzen.
- Sammel- und Streckenplatz festlegen und in Standkarte einzeichnen.
- Parkplätze sicherstellen und in Standkarte einzeichnen. Wege für eventuelle (Not-)Einsatzfahrzeuge frei halten, Rettungspunkte eintragen.
- Treiber in Gruppen aufteilen und ihnen Gebiete zuteilen, wo sie für stete Unruhe zu sorgen haben. Die Parzellen in die Karte einzeichnen und die Richtungen der Treiben festlegen. Den Treibern nicht nur eine, sondern mehrere (zusammenhängende) Parzellen zuteilen. So wird es ihnen nicht langweilig, immer durchs gleiche »Gesträuch« zu laufen. Für den Jagderfolg mit entscheidend ist, dass die Treiber und Hundeführer mit ihren Vierbeinern während der gesamten Jagddauer die Einstände in den ihnen zugeteilten Parzellen aufs Neue beunruhigen. Ansonsten weichen die Sauen dort nur aus und stecken sich nach geraumer Zeit wieder!
- Treiberführer einige Tage zuvor einweisen und gegebenenfalls zur Verständigung während der Jagd mit Funkgeräten ausrüsten.
- Hundeführer müssen mit ihrem Einzelhund oder der Meute selbstverständlich ebenso gleichmäßig

verteilt und ihnen Teilflächen (Einstände) zugeteilt werden. Sie sollten sich möglichst wenig in die Quere kommen. So ist eher ausgeschlossen, dass ein, zwei Hunde, die an Rehwild oder Sauen jagen, gleich viele »Helfer« haben. Diese fehlen dann unter Umständen im Fortlauf des Treibens.

- Die endgültigen Standkarten fertigen.
- Farbige Bänder zum Markieren der Anschüsse für die Ansteller besorgen.
- Wildbretvermarktung bereits vor der Jagd sicherstellen.
- Ausreichend Transportfahrzeuge für Personen (Hundeführer, Treiber, Ansteller, Jäger) und Anhänger zum Transport von erlegtem Wild bereithalten.
- Wenige Tage vor der Jagd die jagdlichen Einrichtungen noch einmal auf Beschädigungen kontrollieren und säubern.
- Es ist eine schöne Geste, wenn am morgendlichen Treffpunkt eine kleine Brotzeit gereicht wird. Treibern und Hundeführern sollte man ein kleines Verpflegungspaket mitgeben.

Was noch zu tun ist

- Jagdgenossen (Bauern) als Treiber mit einbeziehen, denn auch hier gilt: Gemeinsam jagen.

▼ *Die Jagdleitung hatte bei der Wahl des Jagdstandes dank langjähriger Revierkenntnis und Erfahrung den »richtigen Riecher«. Der Schütze wusste das zu nutzen.*

• Man kann das Mindestkaliber (ab 7 mm; keine Flintenlaufgeschosse) bestimmen. Ansonsten schreibt der Gesetzgeber das zu verwendende Kugelkaliber für Schalenwild vor.
• Personen benennen, die für Fichtenreiser, Erlegerbrüche, Fackeln oder Holz für Feuer am Streckenplatz zu sorgen haben.
• Gemeinden, Polizei, Landratsämter informieren; eine Geschwindigkeitsreduzierung an stark befahrenen Straßen erwirken; Warntafeln aufstellen; Wald- und Feldwege mit Bändern oder Schildern »sperren«.
• Den zentralen Aufbrechplatz festlegen oder – und das ist oft sinnvoller! – jedes Revier für sich einen eigenen.

Dort müssen vorhanden sein:
1 Behältnisse für Aufbrüche, die bei der Tierkörperbeseitigungsanstalt entsorgt werden = (Seuchenvorbeugung!). Es ist kontraproduktiv, im Zeichen von Aujezkyscher Krankheit, Afrikanischer und Europäischer Schweinepest und Räude, Aufbrüche erst zu sammeln und anschließend dann in ein großes Loch oder in eine Dickung im Revier zu werfen.
2 Wasser, Seife, Einweghandschuhe, Handtücher.

• Einen »Amtlichen Tierarzt« bestellen, der vor Ort Proben für die Trichinenbeschau und Becquerel-Untersuchung sowie eventuell Blutproben für eine Untersuchung auf Schweinepest nimmt. Ihm hat der Erleger auch beobachtete bedenkliche Merkmale am noch lebenden Stück zu melden.
• Jagende Metzger und im Aufbrechen von Schwarzwild geübte Jäger kümmern sich um ein zügiges Wildversorgen. Sie müssen dabei auf bedenkliche Merkmale achten.
• Galgen herrichten und eine Wildwaage vor Ort haben.
• Wenn erlegte Sauen direkt aus dem Revier an Wildhändler, Gastronomen oder Jagdgäste abgegeben werden – die Trichinenbeschau aber noch erfolgen muss –, so hat der Abnehmer eine Verpflichtungserklärung zur Durchführung der Trichinenbeschau zu unterzeichnen. An weitere Personen darf ohne Trichinenbeschau kein Wildschwein abgegeben werden!
• Nachsuchen (siehe Kapitel »Nachsuchen« ab Seite 119) erfolgen zunächst im Rahmen der jeweiligen Ländergesetzgebung zur Wildfolge. Darüber hinaus empfehlen sich für derartige Jagden erweiterte Vereinbarungen, die vor der Jagd von allen betroffenen Revieren unterzeichnet werden. Darin müssen auch die Nachsuchenführer eingetragen sein.
• Hundeführer und ein ortskundiger Begleiter müssen die Berechtigung erhalten, die Reviergrenze(n) überschreiten zu dürfen, um die Nachsuche fortzusetzen. Das betroffene Revier muss aber umgehend verständigt werden (Mobiltel.-Nr.). Nur so können krank geschossenem Wild unnötige Qualen erspart bleiben. Das Wildbret und mögliche Trophäen des über die Reviergrenze gewechselten Wildes gehören dem Jagdausübungsberechtigten, in dessen Revier es zur Strecke kam. Es ist zu beachten, dass erlegtes Wild auf den Abschussplan desjenigen Reviers anzurechnen ist, in dem es krank geschossen wurde. Es wäre schön, wenn mögliche Trophäen letztlich dem Erleger zugesprochen werden.
• Von Jagd zu Jagd kann die Abschussfreigabe variieren oder muss modifiziert werden.

Grundsätzliches zum Jagdablauf

• Treiberführer und gegebenenfalls einige ebenso ortskundige Treiber müssen bereits Tage vor der Jagd in deren Ablauf genauestens eingewiesen werden, die Haupteinstände kennen und wissen, wie die Treiberlinie zu halten ist.
• Beim Anstellen hat so weit wie möglich Ruhe zu herrschen!
• Die Tage zuvor eingewiesenen, ortskundigen Ansteller weisen ihrerseits jeden »ihrer« Schützen an deren Stand genau in mögliche Gefahrenbereiche, Standnachbarn, Wechsel und Verlauf des Treibens ein.

Der Ansteller gibt den Schützen Hinweise auf:

- die Nachbarstände,
- gefährliche Schussrichtungen,
- bevorzugte Wildwechsel,
- die Richtungen, aus denen Treiber zu erwarten sind,
- Verhalten nach Beendigung der Jagd.
- Erst nach der Einnahme des Stands darf geladen werden. Sobald dann – sofern im Sichtbereich möglich – Verständigung mit Standnachbarn erfolgt und damit Sicherheit festgestellt wurde, darf geschossen werden.
- Nach Jagdende darf nicht mehr geschossen werden. Die Waffe ist zu entladen und muss geöffnet getragen werden (beim Repetierer die Kammer öffnen, kombinierte Waffen abkippen).
- Den Stand keinesfalls vor Jagdende verlassen.
- Der Ansteller holt die Schützen am Stand oder am zuvor festgelegten Sammelplatz nach Jagdende ab.

▶ Tipp

Es hat sich bewährt, einige Jäger bereits zum Frühansitz an Fernwechseln anzusetzen und dort bis zum Ende der Drückjagd sitzen zu lassen. Sie bekommen penible zeitliche Vorgaben. Eine straffe Führung ist unerlässlich. Auch muss ihnen vor Beginn der Jagd eine Aufbrechpause eingeräumt werden, um früh erlegtes Wild zu versorgen.

- Fangschüsse sind nur in Sichtweite zum Stand erlaubt, auch dafür keinesfalls den Stand verlassen. Hat ein Hund in Sichtweite zum Stand krankes Wild gestellt, darf nur der Hundeführer den Fangschuss antragen.
- Eigenmächtige Nachsuchen sind untersagt.

▼ *Schwarzwild ist kein »Freiwild«. Gemäß der Freigabe gilt es anzusprechen, schnell zu entscheiden und sauber zu schießen. Es gilt »Klein vor Groß«!*

- Mit dem Ansteller sind nach Jagdende mögliche Anschüsse zu suchen, zu verbrechen, deutlich zu markieren und in die Standkarte einzutragen.
- Sämtliches erlegtes Wild ist vom Erleger (eventuell mithilfe des Anstellers oder von Mitjägern) bis zum nächsten Weg oder gut anfahrbaren Platz zu ziehen.
- Der Ansteller sammelt die Standkarte ein und übergibt sie dem jeweiligen Jagdleiter.
- Das erlegte Wild wird unaufgebrochen zum Sammelplatz geliefert und nur am Aufbruchplatz versorgt.
- Der Jagdleiter koordiniert mit den Schweißhundeführern und den Reviernachbarn die Kontroll- oder Nachsuchen.
- Schützen begeben sich zum Streckenplatz.
- Helfer und Ansteller sammeln in entsprechenden Fahrzeugen das erlegte Wild ein und markieren es individuell mit Ohrmarken oder Wildursprungsmarken.
- Strecke legen. Die Jagdleitung verkündet die Strecke und resümiert den Ablauf. Die Strecke wird verblasen, anschließend das Wild in die Kühlung verbracht. Nun geht's zum Schüsseltreiben.
- Die Streckenergebnisse werden zentral an den Hauptorganisator oder »Ober-Jagdleiter« unter entsprechend bekannter Telefonnummer gemeldet. Für alle Revierverantwortlichen wird zu späterer Uhrzeit noch ein Treffen angesetzt, eben zum Ausklang der Jagd. Dabei wird dann ein erstes Resümee erstellt.

Treiber und Hunde

Treiber müssen mit Warnwesten ausgestattet werden und die Hunde sollten eine flexible Warnhalsung und/oder Schutzweste tragen, auf der mit wasserfestem Stift die Telefonnummer des Besitzers oder Führers notiert ist. Es wird festgelegt,

- ob laut oder leise getrieben wird,
- wann die Hunde geschnallt werden,
- ob die Treiber die gesamte zu bejagende Fläche beunruhigen oder

Standprotokoll für die Ansitzdrückjagd am 11.01.2003
im Jagdrevier:

Ansteller: **Stand Nr.:** **Name:**

Standbeobachtungen:

Wildart	Uhrzeit	Abgegebene Schüsse	erlegt	Nachsuche

Verbesserungsvorschläge für den Stand:

Wichtige Telefonnummern:

Jagdleiter Handy:
Tierarzt Handy:
Notruf: **19 222**

Treiben: **Beginn: 10.00 Uhr** **Ende: 12.30 Uhr**

Freigegeben: **Schwarzwild, außer führende Bachen u. Leitbachen, Fuchs**

Die Einhaltung der VSG wird vorausgesetzt. Jeder Schütze ist für seinen Schuss selbst verantwortlich!

Jagderlaubnisschein: ***Dieser Standzettel gilt als Jagderlaubnisschein i.S. der gesetzlichen Vorschriften und legitimiert seinen Inhaber i.V.m. einem gültigen Jagdschein zur Teilnahme an o.g. Drückjagd***

▲ *Ein Standprotokoll informiert den Schützen zum Ablauf und dient später der Jagdleitung zur Auswertung.*

▼ *So könnte eine Revierkarte aussehen. Schützenstände und Wege der Hundeführer/Treiber sind eingezeichnet.*

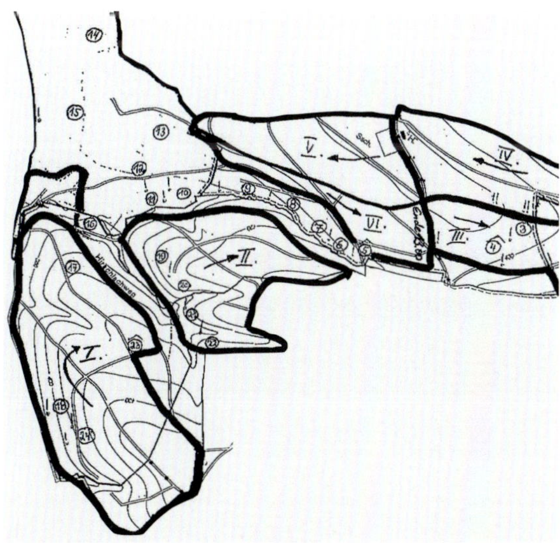

- in Gruppen eingeteilt bestimmte Gebiete zugewiesen bekommen,
- ob unter den Treibern Jäger sein sollen, die ihre Waffe nur unterladen führen, um ggf. einer (vom Hund gestellten) kranken Sau einen Fangschuss antragen oder ansonsten sie zumindest abfangen können, oder ob das ausschließlich Hundeführern gestattet ist.
- dass der Jagdleiter und die Treiberführer mit Funkgeräten und einer detailgenauen Revierkarte, in der der Ablauf der Jagd skizziert ist, ausgestattet werden.

Versicherung

- Es ist zu prüfen, ob die Treiber über die Berufsgenossenschaft der jeweiligen Revierverantwortlichen abgesichert sind. Gegebenenfalls empfiehlt es sich, eine gesonderte Versicherung abzuschließen.
- Die bei der revierübergreifenden Drückjagd einzusetzenden Hunde (Rassen und Anzahl) sind rechtzeitig zu erfassen. Für diese ist eine Tierlebensversicherung abzuschließen. Erkundigen Sie sich dazu bei Ihrem Versicherungspartner. Es ist denkbar, dass Einzelpersonen keine Tagesversicherung abschließen können. Üblicherweise haben aber Forstdirektionen oder Forstämter einen dahin gehenden Jahresvertrag.
- Es besteht die Möglichkeit, dass sich die für die Jagd Verantwortlichen unter gewissen Auflagen in den staatlichen Rahmenvertrag einklinken und eine Tagesversicherung für die teilnehmenden Hunde abschließen können. Die Voraussetzungen dafür müssen abgeklärt werden.

▼ *Der Organisationsaufwand von großflächigen Bewegungsjagden mit einer hohen Teilnehmerzahl ist für die Jagdleitung immens.*

Wildbrethygiene

Es muss festgelegt werden, …

- wann das erlegte Wild eingesammelt wird,
- von wem das erlegte Wild eingesammelt wird,
- wo unverzüglich aufgebrochen wird (Wildkammer, möglichst befestigter, überdachter Aufbrechplatz),
- wer aufbricht, wer Trichinen- und sonstige Proben entnimmt und Aufbrüche (Innereien) beziehungsweise Wildbret auf bedenkliche Merkmale untersucht,
- wie Aufbrüche und erlegte Füchse entsorgt werden.

Zu beachten ist zudem, …

- dass verunreinigte Körperhöhlen ausschließlich gründlich mit Trinkwasser gesäubert werden,
- dass beim Aufbrechen Einweghandschuhe verwendet werden. Besonders nach der Versorgung von weichgeschossenem Wild müssen Messer, Sägen, Scheren und Hände immer wieder gereinigt werden. Für das Hände- und Messerwaschen müssen Eimer mit Wasser und Reiniger sowie Handtücher parat gehalten werden.
- Unbedingt die Witterung beachten. Ist es warm, besteht beim Wildbret die Gefahr des Verhitzens, folglich Verderb; ist es sehr kalt, kann das für die aufbrechenden Personen bereitgestellte Wasser einfrieren. Daher etwas Spiritus dazukippen oder die Wasserbehälter nahe beim Feuer lassen.
- Nach dem Aufbrechen und Ausspritzen müssen die Wildkörper gründlich auskühlen (+4 °C bis bei Schalenwild geforderten +7 °C) und abtropfen können. Weitere Informationen auf Seite 139 ff.

▼ *Schwarzwild ist wehrhaft. Das bekommen bei Nachsuchen auch Schweißhunde immer wieder zu spüren.*

▲ *Erlegte Sauen werden zur Vermeidung von Virusinfektionen am sichersten am zentralen Aufbrechplatz zur Wildkammer geliefert und dort unter hygienisch optimalen Bedingungen versorgt.*

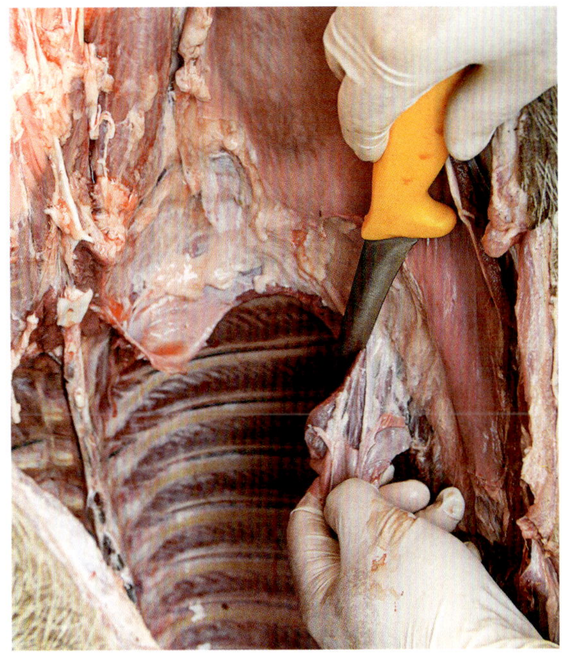

▲ *Eine entsprechend geschulte Person entnimmt Proben vom Zwerchfell und auch von einem Vorderbeinmuskel.*

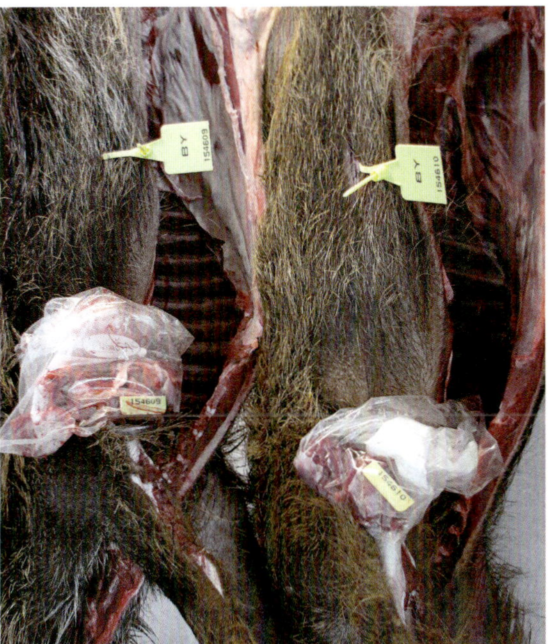

▲ *An jedem Stück Schwarzwild werden eine Wildursprungsmarke sowie die Trichinen- und Becquerelprobe befestigt.*

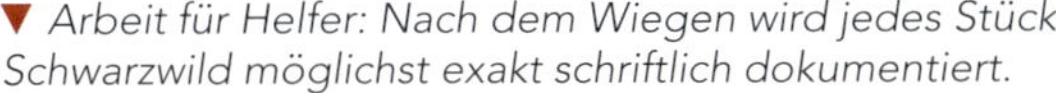

▼ *Arbeit für Helfer: Nach dem Wiegen wird jedes Stück Schwarzwild möglichst exakt schriftlich dokumentiert.*

▼ *Der Jagd- oder Nachsuchenleiter bespricht mit den Nachsuchenführern bevorstehende Einsätze.*

ERNTEZEIT – LANDWIRTE UND JÄGER SIND JETZT GEFRAGT

Saujagd an Mais und Raps

Der Maishäcksler rattert. Vor riesige Anhänger gespannte PS-starke Traktoren dröhnen. Staub wirbelt durch die Luft, umhüllt die landwirtschaftlichen Geräte, vermittelt mitunter eine gespenstische Szenerie. Rund 20 Hektar Mais werden an diesem Oktobertag als »Futter« für die Biogasanlage geerntet. Zwölf Reihen nimmt der Häcksler auf einmal. Das ist eine Menge. Doch bei derart großen Schlägen dauert der Erntevorgang immer noch lange genug, um die Planungen zur Jagd von im Mais steckendem Schwarzwild an diesem Tag abschließend umzusetzen. Begonnen hatten diese allerdings schon einige Zeit zuvor.

Saujagd in der Erntezeit ist auch mit einigen Risikofaktoren verbunden: Menschen und Maschinen im Arbeitseinsatz, Erholungssuchende, öffentlicher Verkehr (Straßen). Obwohl es bei den Jägern mitunter schnell gehen muss, haben sie vieles zu beachten. Mit den Landwirten spricht der Revierverantwortliche oder Jagdleiter den vorgesehenen Erntetag und -ablauf ab. Dabei weisen wir die Landwirte darauf hin, dass je nach Größe des Maisschlags ein tageszeitlich später Beginn für die begleitende Jagd wenig Sinn macht. Denn zieht sich der Ernteprozess bis in die Dunkelheit, waren alle Vorbereitungen umsonst.

Wird es ernst, erhalten die Revierverantwortlichen erfahrungsgemäß dennoch oft nur kurzfristig, wenn nicht gar erst zum Erntestart Bescheid. Verschiebungen können freilich immer wieder vorkommen. Die Reduktion der Schwarzwildbestände liegt aber auch im Interesse der Landwirte. Daher sollten wir Jäger sie bitten, uns rechtzeitig zu benachrichtigen. Eine höfliche Erinnerung ist hilfreich.

Schwarzwild kann im Prinzip in jedem größeren Maisfeld stecken. Werden an einem Tag mehrere Schläge geerntet, ist möglicherweise schwer abzuschätzen, wo man die Sauen am ehesten erwarten kann. Wer sorgfältig Vorarbeit leistet, tut sich leichter mit der Wahl der Felder. Dazu gehören Abfährten, Erfassen frischer Schadbilder, frühmorgendliches Verhören und Beobachten,

◀ *Die erfahrene Bache sichert am Rand des zunehmend kleiner werdenden Maisschlags, während der Häcksler immer näher rückt.*

evtentuell Drohneneinsatz (siehe Kasten »Einsatz moderner Technik«). Unter Berücksichtigung der schnellen Erreichbarkeit, des besten Schussfeldes, von Hauptwechseln und nahe gelegenen Haupteinständen werden die abzusetzenden Felder ausgewählt.

Sofern möglich, werden in einer Revierkarte die von Schwarzwild vermutlich »besetzten« Maisfelder hervorgehoben, Haupt- und Fernwechsel eingetragen, Schützenstände und Parkplätze gekennzeichnet und der Sammelplatz vermerkt. Der Revierverantwortliche kann nicht erwarten, dass am Erntetag innerhalb weniger Stunden nur erfahrene Saujäger vor Ort sind. Beruf, Familie und sonstige Verpflichtungen erfordern Vorplanung. So macht es Sinn, bereits einige Tage zuvor

▶ Einsatz moderner Technik

Vermehrt werden Flugdrohnen mit Wärmebildkamera im Jagdbetrieb auch eingesetzt, um vor der Ernte zu prüfen, ob Sauen in Raps- oder Maisschlägen stecken. Jeder Jäger muss für sich entscheiden, inwieweit er den Einsatz der modernen Flugtechnik mit der Waidgerechtigkeit vereinbaren kann. Beachten Sie unbedingt, dass für den Einsatz solcher unbemannten Flugobjekte eine Haftpflichtversicherung abgeschlossen werden muss. Verordnungen des Verkehrsministeriums zur Kennzeichnungspflicht und zum »Drohnenführerschein« sind zu beachten.

▼ Nur noch wenige Maisreihen sind zu silieren. Oft bricht die Rotte spät aus. Daher müssen sich die auf Drückjagdsitzen postierten Schützen bis zum Schluss ruhig verhalten und aufmerksam sein.

Jäger, die vor allem firm im schnellen Ansprechen, im verantwortlichen Umgang mit der Büchse und in der Wildversorgung sind, auf den anstehenden Erntetermin hinzuweisen. Diese werden sich gerne auf Abruf bereithalten. Es sei empfohlen, dass sich zumindest ein Ersthelfer unter den Teilnehmern befindet, der im Notfall weiß, was zu tun ist.

Über Jahre ergibt sich so eine mobile Einsatztruppe, in der alle Teilnehmer wissen, worum es geht. Auf sie kann man sich als Jagdherr verlassen und es bedarf nur weniger Erläuterungen. Das ist enorm hilfreich, zeit- und nervensparend. In den Monaten vor den Ernte- und Drückjagden wird die Schießfertigkeit im Schießkino trainiert. Das macht Spaß, fit und fördert den Zusammenhalt. Vergessen Sie nicht, dass es sich auch bei solchen Jagden um Gesellschaftsjagden handelt! Die Schützen sind mit Warnwesten oder -jacken ausgerüstet. Ein rotes Hutband reicht nicht aus. Geschossen wird am besten mit der vertrauten Waffe, die mit einem variablen Zielfernrohr versehen ist. Mobiltelefone oder Funkgeräte gewährleisten Absprachen im Laufe der »Erntejagd«, ohne den Stand verlassen zu müssen. Das ist ohnehin streng untersagt! An warmen Tagen machen Trinkwasser und Mückenabwehrmittel das lange Warten erträglicher und man kann sich besser auf die Jagd konzentrieren.

Um die Sicherheit und Effektivität derartiger Jagden zusätzlich zu gewährleisten sowie zu verbessern, sollten die Reviernachbarn informiert und in die Planungen einbezogen werden. Die Schützen sind entsprechend einzuweisen. Nicht

▼ *Die große Rotte nahm einen dem Jagdleiter bekannten Wechsel an und kam ideal zwischen zwei unweit vom Einwechsel in den Wald abgesetzten Schützen. Sie konnten die flüchtenden Sauen in Ruhe ansprechen und sich auch vorbereiten.*

selten ist das Absetzen von Fernwechseln von Erfolg gekrönt. Es sollte selbstverständlich sein, dass ein firmes Nachsuchengespann bei Bedarf parat steht.

Machen Sie sich im Vorfeld zudem Gedanken um die hygienische Versorgung, Kühlung und Vermarktung des Wildbrets. Es kann an den Erntetagen warm sein und die Strecke könnte weit über den Erwartungen liegen. Für solche Fälle muss man gewappnet sein.

Zum Zeitpunkt der Maisernte sind in der Regel die meisten anderen Feldfrüchte eingebracht. Damit ergeben sich Offenflächen, die ausreichend Raum zum Beobachten, Ansprechen und als Schussfeld bieten.

Entsprechend der Größe des Maisschlags, des Verlaufs der Wechsel und der nächsten Einstandsgebiete wird die Zahl der Schützen geplant. Jeder Teilnehmer wird auf einem mobilen Drückjagdsitz postiert. Je nach Erntevorgang, Feldverlauf, Wechseln und Einständen kann der Abstand von Sitz zu Sitz variieren, sollte aber nicht unter 60 Metern betragen.

Sicherheit ist oberstes Gebot!

Nach Meinung des Autors sollten auch bei Erntejagden mobile erhöhte Sitze Pflicht sein. Um weitere Sicherheit zu erhalten, sind dem Schusswinkel (Achtung: Sicherheitswinkel zu Nachbarschützen von mindestens 30 Grad und mehr einhalten!), dem Schussfeld, dem Kugelfang (Trotz erhöhter Sitz-/Standposition ist bei flachem Untergrund kein sicherer Kugelfang gegeben!) und allen anderen mit dem Schuss verbundenen Parametern höchste Aufmerksamkeit zu schenken.

Es darf immer nur vom Maisschlag weg und zudem nicht in Richtung von Erntehelfern und -maschinen, Gebäuden oder anderen Gefahrenbereichen geschossen werden. Flüchtende Sauen müssen die Schützenlinie passiert und ausreichend Distanz zum Standnachbarn haben. Befinden sich Verkehrsstraßen in der Nähe, muss in Absprache mit Polizei und Kreisbehörde unbedingt eine Verkehrssicherung erfolgen. In Richtung von Straßen darf keinesfalls geschossen werden. Man unterschätze nicht mögliche Abprallwinkel eines Geschosses.

Gemäß den vorherigen Aufzeichnungen in der Revierkarte und den bekannten Hauptwechseln werden die Drückjagdsitze bereits Tage vor Erntebeginn aufgestellt – sofern der Tag und das Feld vom Landwirt bestätigt sind. Wo es machbar ist, sollten die gut 2,50 Meter hohen, stabilen Sitze mindestens 80 Meter vom Maisfeld entfernt und unbedingt auf einer Linie stehen. Je nach Feldstruktur ist das nicht immer sogleich möglich.

▶ *Unmittelbar vor den Erntefahrzeugen brechen vier Frischlinge aus dem Maisfeld. Grundsätzlich nur nach außen schießen! Auf natürlichen Kugelfang achten.*

▶ Tipp

Wenn es schnell gehen muss, gibt es Alternativen zum mobilen Drückjagdsitz. Während mancherorts Jagdteilnehmer auf der Ladefläche ihres Pickup-Geländewagens einen erhöhten Standplatz einnehmen dürfen (weil Schießen von Kraftfahrzeugen also von deren Ladeflächen runter), ist das anderswo nicht gestattet (Verbot, Wild aus oder von Kraftfahrzeugen zu erlegen). Eine allgemein geduldete Alternative ergibt sich durch den Einsatz eines Anhängers mit Zugfahrzeug. Auf dem Anhänger wird ein Drückjagdsitz oder eine Scherenleiter mit Spanngurten festgezurrt und so vor dem Umfallen gesichert. Zugfahrzeug und Anhänger sind miteinander verbunden, der Jäger befindet sich aber zur Jagdausübung nicht auf dem oder im Fahrzeug. Grundsätzlich sind auch in dieser Frage die jeweiligen Landesjagdgesetze zu berücksichtigen, zumal Jagdjuristen und LJV-Rechtsausschüsse die Varianten unterschiedlich beurteilen.

▼ *Mobiler Sitz auf einem Anhänger befestigt. So ist der Jäger schnell am Ort des Geschehens.*

Unter dem Ernteverlauf müssen manche Sitze nachgerückt und unbedingt auf Linie gestellt werden. Daher macht es noch mehr Sinn, leichte, mobile Sitze zu verwenden. Je weiter ein Sitz von der Mais-Deckung steht, desto weniger bekommen die Sauen vom auf sie wartenden Jäger mit (vorausgesetzt, der Wind passt).

In der Regel werden für das Nachrücken nur wenige Minuten benötigt. Der Jagdleiter hat ein solches Vorgehen vor Jagdbeginn anzukündigen. Jegliche Schussabgabe ist dann untersagt! Waffen sind grundsätzlich zu entladen! Kein Grund, um nervös zu werden: Erfahrene Jäger wissen, dass die meisten Sauen sich überwiegend so lange im Mais drücken, bis die letzten zehn oder noch weniger Reihen verblieben sind.

Manchmal ist es effektiver, mobile Drückjagdsitze in den angrenzenden Wald zu stellen. Nämlich dann, wenn ein Hauptwechsel dorthin führt und im Waldbestand besseres Schussfeld als im Feld vorhanden ist. Oft laufen die zuvor flüchtigen Schwarzkittel die Jäger im Wald ruhiger an, weil sie sich in der neuen Deckung wieder sicher fühlen. Grenzt die Erntefläche unmittelbar an einen Wald oder ein größeres Feldgehölz, hat die Jagdleitung ohnehin nur die Möglichkeit, einen Teil der Schützen im Wald, im Feldgehölz oder dahinter nahe den bekannten (Fern-)Wechseln auf Drückjagdsitzen zu postieren.

Eine andere Problematik ergibt sich, wenn aufgrund der Örtlichkeit ausschließlich unmittelbar an der Erntefläche gejagt werden kann. In diesem Fall wird abgewartet, bis so viel Fläche abgeerntet ist, dass ausreichend Schussfeld besteht. Erst dann stellt die Jagdgesellschaft gemeinsam die mitgeführten oder bereits zuvor in Feldnähe ausgebrachten Sitze zügig auf. In solcher Situation müssen die Sitze näher an die Erntefläche, damit sich nach hinten hinaus ausreichend Schussfeld ergibt. Beachte: Nie in Richtung des Ernteprozesses schießen!

▶ Hinweis

Auch bei sogenannten Erntejagden handelt es sich um Gesellschaftsjagden. Ein Jagdleiter ist zu benennen. Er ist für alles verantwortlich, auch für die Verkehrssicherung, und muss bei jeglichen Unfällen den Kopf hinhalten. Doch dessen sind sich manche Jäger nach wie vor nicht bewusst. Inzwischen gibt es Regelungen, wonach anlässlich von Erntejagden nur noch von Ansitzeinrichtungen geschossen werden darf.

Der Jagdleiter bestimmt auch dann die Plätze, mahnt bei den Schützen die besondere Situation an und weist ihnen das jeweilige Schussfeld zu. Vielleicht kann in dieser Zeit ein kurzer Ernte-Stopp eingelegt werden. Wenn grundsätzlich vor Erntebeginn am Feld mit dem Landwirt und seinem Maschinenteam eine Absprache über den Erntevorgang erfolgt, wirkt sich das oft positiv auf den Jagderfolg aus. Beispielsweise hat sich bewährt, den letzten zu erntenden halben bis ganzen Hektar Feldfrucht ein gutes Stück von der nächsten Deckung entfernt stehen zu haben. Die Jäger sehen die Sauen früher anwechseln, können in Ruhe ansprechen und sich ohne Hektik auf die Schussabgabe vorbereiten. Je nach Größe des Maisschlags macht auch das Ernten in Parzellen Sinn. Steckt eine Rotte in der letzten Parzelle, kann man diese durch ein mittiges Teilen der Fläche mit dem Erntefahrzeug möglicherweise sprengen. Auch ist es hilfreich, wenn der Häckslerfahrer durch Einschalten der Rundumleuchte dem Jäger Sauen ankündigt.

Landauf und landab werden bei Jagden im Rahmen von Erntevorgängen bei Mais (und zuvor bei Raps) nach wie vor Schützen am Boden

Kleine Orientierungshilfe zur Zeitplanung

Ein moderner, mehrreihiger Maishäcksler benötigt ungefähr zwei Stunden zur Ernte eines Maisfeldes von vier bis fünf Hektar. Etwa die gleiche Zeit benötigt ein moderner, durchschnittlich großer Mähdrescher bei der Ernte eines genauso großen Rapsfeldes.

abgestellt. Häufig ist es auch gar nicht anders möglich, weil rund um die zu erntende Fläche zu viel Deckung durch andere Feldfrüchte vorhanden ist oder die Zeit nicht ausreicht, um mobile Drückjagdsitze aufzustellen. Die Szenarien sind meist gleich: Mit dem Rücken zur Frucht stehen oder hocken auf Sitzstöcken mehr oder weniger erfahrene Schützen in geringem Abstand rund um das Feld. Die Zeit rinnt dahin, die Nerven werden strapaziert. Man träumt vor sich hin, macht immer wieder Anschlagübungen, unterhält sich lauthals zur Ablenkung mit dem Nachbarschützen.
Das im Mais steckende Schwarzwild hat ob der nahen menschlichen Gerüche und Geräusche längst Notiz von der im Freien lauernden Gefahr genommen. Junge, unerfahrene Sauen werden früher flüchten. Von erfahrenen Bachen angeführte Rotten halten lange aus. Sie brechen gerne erst unmittelbar vor Schwinden der letzten Deckung kompakt aus dem Halmenmeer.

Die Gier mancher Jäger, Beute zu machen, schneller zu sein als der Nachbarschütze, birgt große Risiken in sich. In der Schusshitze vergessen sie alles um sich herum. Auf Schussfelder, Sicherheitswinkel und Kugelfang wird kaum geachtet. Mit entsicherter Büchse wird durch die Schützenlinie geschwungen, vom Ernteschlag weg flüchtendes Schwarzwild wird von hinten beschossen. Angesprochen wird erst »später«.

Ebenerdiges Abstellen der Jäger mit dem Rücken zum Erntevorgang ist mit hohen Sicherheitsrisiken verbunden!

So darf es nicht sein! Unfälle sind vorprogrammiert, Wild wird krank geschossen oder übel zugerichtet, sodass eine saubere Wildbretverwertung nicht möglich ist. Traurig, aber wahr! Die Unfallstatistiken der landwirtschaftlichen Berufsgenossenschaften und Presseberichte über tödliche Unfälle anlässlich solcher Jagden sprechen für sich.

Auch bei diesen »Schnell-schnell-Jagden« muss es einen Jagdleiter geben. Er trägt die Verantwortung, hat die Jagdscheine zu kontrollieren, trifft deutliche Entscheidungen, an die sich ein jeder zu halten hat, und weist unmissverständlich auf die Positionen der einzelnen Schützen hin. Diese Position darf keinesfalls verlassen werden. Wie zuvor beschrieben, ist Sicherheit oberstes Gebot! Da die Jäger am Boden stehen, müssen sie Signalkleidung tragen und wieder strikt auf Schusswinkel, Schussfeld und -entfernungen, Kugelfang und andere Faktoren sowie Gefahrenbereiche achten. Geschossen wird immer nur vom Schlag weg und keinesfalls in Richtung von Personen, Fahrzeugen, Gebäuden und Nutztieren.

Die Schützen stehen in einer Linie und haben sich mit ihren Nachbarn zu verständigen. Allerdings bedarf es oft keiner großen Schützenschar, die wie beim Kaninchen-Frettieren nahe beieinanderstehen. Viele Leute sorgen für eine Menge Unruhe. Schussgier und -neid werden gefördert und Wildbret wird zerschossen. Das allgemeine Gefahrenpotenzial ist deutlich höher.

Man bedenke, dass die Erntefläche immer kleiner wird und Sauen lange in der verbleibenden Deckung stecken. Wird die Rotte nicht in alle Richtungen gesprengt, flüchten Sauen bevorzugt gegen den Wind oder mit halbem Wind zur nächsten Deckung. Nicht selten hauen sie aber auch über weite offene Feldflächen ab. Bei flüchtenden Sauen muss man mit allem rechnen!

Im Idealfall stehen an den vier Feldseiten jeweils zwei erfahrene Schützen Rücken an Rücken beieinander. Alternativ kann an den kürzeren Seiten jeweils nur ein Schütze stehen. Mit jeder Maisreihe, die geerntet wird, rücken die Jäger auf etwa zehn Meter an die Frucht und achten auf die Linie. Die Schützen müssen unbedingt einen solchen Abstand zum Feld einhalten. So wird das Risiko gemindert, »unter Stress« die Erntefahrzeuge zu übersehen.

Eigentlich selbstverständlich – aber dennoch sei darauf hingewiesen, dass die Waffe erst auf dem Drückjagdsitz oder nach Einnahme der Standposition geladen wird. Ist der Erntevorgang beendet, wird sofort entladen.

Wer zu Schuss gekommen ist, merkt sich Anschüsse, Fluchtwege beschossener Sauen sowie Einwechsel und markiert diese nach dem Ende der Jagd. All das unterstützt die Nachsuchenarbeit.

▶ *Das hat gepasst. Die beiden Frischlinge flüchteten auf den Drückjagdsitz zu. Dem Schützen gelang eine Dublette.*

KREISEN UND DRÜCKEN

Mit dem »weißen Leithund« gezielt auf Sauen

Die zunehmende Klimaerwärmung beschert uns leider immer seltener Schnee, der über einen längeren Zeitraum liegen bleibt und auf den es immer wieder neu schneit. Frischen Schnee, die sogenannte »Neue«, benötigen wir zum weiträumigen Abfährten (»Kreisen«) der bekannten Schwarzwildeinstände. Wenn erst spät im winterlichen Jagdjahr Schnee fällt, ist das Erlegen von Schwarzwild beim Kreisen eher als eine Nachernte zu sehen. Dezimierte Rotten, versprengte oder »kriegsversehrte« Sauen nehmen nach größeren Bewegungsjagden gerne kleine und ruhige Einstände in Revieren ein, die abseits der ihnen bekannten und durch Stöberjagden nun kurzfristig umgekrempelten Jahreseinstände liegen. Sie kennen diese von ihren sommerlichen Ausflügen und beziehen sie für wenige Stunden oder Tage, manchmal auch bis zu mehreren Wochen, um dann aber wieder in ihre gewohnten Einstände in großen Waldgebieten zurückzukehren.

Beim Kreisen bejagen wir bevorzugt Frischlinge und Überläufer. Zu diesem Zeitpunkt sind bereits viele Bachen bewusst oder ungewollt erlegt worden. Es gilt jetzt vielmehr, gezielt den Nachwuchs weiter abzuschöpfen.

Bei der Abschussfreigabe ist zu bedenken:

- Die wildbiologisch richtige Verteilung der Altersklassen beim Abschuss in einer Population erreichen wir nur durch einen starken Eingriff in die Jugendklasse.
- Das Bejagen von Keilern im Januar ist kritisch zu sehen. Sie befinden sich noch in der Rauschzeit oder aber sind abgerauscht. Das Wildbret ist nahezu ungenießbar. Eigenverantwortung ist gefragt in Bezug auf Wildbretverwertung und/ oder Trophäe. Es ist freilich nachvollziehbar, dass derjenige ins Zaudern gerät, der erstmalig die Gelegenheit hat, einen reifen Bassen zu erlegen. Jeder Jäger muss es letztlich mit sich selber vereinbaren.
- Einige Bachen ziehen im Januar bereits alleine, da sie kurz vor dem Frischen stehen oder bereits Frischlinge im Wurfkessel liegen und diesen eben nur mal kurz verlassen haben. Beim gezielten

◀ Beim Kreisen entdeckt der Jäger die gewaltige Keilerfährte im Neuschnee – hoffentlich ist er festzumachen.

Bejagen einer Bache und bei deren Erlegung – und das ist beim Kreisen immer gegeben – geraten der Erleger und der Jagdleiter in einen Gesetzeskonflikt.

- Fällt ein brauchbarer Spurschnee erst im Februar, erübrigt sich die Bejagung von gekreisten stärkeren Einzelsauen, da diese in Deutschland – von Länderausnahmen unter anderem wegen der Seuchengefahr der Afrikanischen Schweinepest abgesehen – Schonzeit genießen.

Ohne Schnee läuft gar nichts

Die wichtigste Voraussetzung zum Kreisen auf Sauen ist das Vorhandensein von Spurschnee, dem »weißen Leithund«, der dem Jäger alle Aktivitäten und Bewegungen im Jagdrevier verrät. Doch nicht jeder Schnee ist auch Spurschnee. Es gibt sowohl vom Zeitpunkt des Schneefalls und auch bei dessen Beschaffenheit wichtige Unterschiede.

Der erste Schnee im Jahr ist für alles Wild etwas Neues und Befremdendes. Wer nach dem ersten Schneefall ins Revier geht, erschreckt sich über den vermeintlich geringen Wildbestand. Fast alles Wild überliegt den ersten Schnee und verlässt seinen Einstand oder Bau kaum. Schwarzwild meidet instinktiv das Wechseln außerhalb seiner Einstandsdickung. Mehrtägiger Hunger zwingt es dann regelrecht zum Auswechseln. Der erste gefallene Schnee ist daher wenig hilfreich beim Abfährten. Den frisch auf eine bereits bestehende Schneedecke gefallenen Neuschnee bezeichnet der Jäger als »Neue« – der brauchbare Spurschnee.

Ideal zum sicheren Kreisen und Abfährten ist gegen Mitternacht einsetzender Schneefall, der erst in den frühen Morgenstunden, aber noch vor dem Dämmerlicht aufhört. Danach gefundene Fährten sind gewiss nur wenige Stunden alt oder sogar nagelfrisch. Sauen haben nur wenig Zeit, bis sie das ankommende Tageslicht zum Einschieben in den Einstand drängt.

▲ *Für die Hundeführer ist die Arbeit in solchen schneebepackten Dickungen Schwerstarbeit, zumal die Sauen ihren sicheren Einstand nur ungern verlassen.*

Die Beschaffenheit des Schnees ist ebenfalls von entscheidender Bedeutung für ein sicheres Kreisen und Abfährten. Lockerer Pulverschnee bei starken Minusgraden lässt die Fährtenlöcher wieder zufallen. Somit ist oftmals nur zu erkennen, dass hier wohl Sauen gewechselt sind, aber nicht, welche und wie viele. Außerdem erkennen wir nur schwer und manchmal sogar gar nicht, in welche Richtung das Schwarzwild gewechselt ist.

Ebenso verhält es sich, wenn auf Pulverschnee plötzlich Eisregen fällt. Die Oberfläche verharscht zu Eis, das Wild bricht in den darunter liegenden Pulverschnee ein. Das Loch des Trittsiegels fällt jedoch durch nachrutschenden Schnee wieder ein. Ein klares Abzeichnen irgendwelcher Tritte bleibt Wunschtraum des Fährtengehers.

Der beste Spurschnee ist ein nur fünf bis zehn Zentimeter hoher und etwas pappiger Schnee, der bei Temperaturen um den Gefrierpunkt fällt. Er drückt sich unter den Schalen der Sauen zusammen und fällt aufgrund seiner pappigen Konsistenz auch seitlich nicht wieder ein.
Am Boden des Trittlochs erkennt der Jäger deutlich das Trittsiegel, und daran Größe, Stärke und vor allem die Laufrichtung des Wildes.

Bei Tauwetter fallender Nassschnee ist ebenfalls gut zum Abfährten geeignet, jedoch verleitet er dazu, dass die Stärke der Stücke oft deutlich überschätzt wird, weil der durch die Schalen zusammengedrückte Schnee schneller schmilzt. So kann schon einmal aus dem Trittsiegel eines Überläufers schnell eines vom vermeintlichen Hauptschwein werden.

So gut sich der nasse Schnee auch zum Fährten eignet, so ungern haben ihn der Jagdleiter und die um die Gesundheit ihrer Hunde besorgten Hundeführer. Sauen, die unter tropfendem Nassschnee in Dickungen, Naturverjüngungen oder in Dornenverhauen liegen, müssen alle einzeln von den Hunden herausgebracht werden. Sie verlassen ohne Druck ihre Kessel nur ungern.

▶ Tipp

Wollen Sauen den Kessel nicht verlassen, sollte die Jagdleitung frühzeitig vor Beendigung des Treibens die Hunde und Treiber sowie Hundeführer nach einer heftigen Angriffswelle abziehen und wieder Ruhe einkehren lassen. Sobald etwa 15 bis 30 Minuten Ruhe in den Dickungen herrscht, fangen die Wildschweine an zu laufen. Die an ihren Ständen möglichst geräuschlos verharrenden Schützen haben dann gute Chancen, doch noch auf Sauen zu Schuss zu kommen.

Die zeitliche Planung entscheidet

Wann ist der richtige Zeitpunkt zum Kreisen und Abfährten? Da sich zum Zeitpunkt des Schneefalls Sauen noch in der Rausche befinden können, ist es nicht ausgeschlossen, dass sie morgens länger auf den Läufen sind. Zumindest in ruhigen

▼ *Der Traum eines jeden Schwarzwildjägers: Tief durch den Pulverschnee pflügen die Sauen am Stand vorbei.*

Einstandsflächen sollten wir uns daher nicht zu früh zum Abfährten begeben. In Feldgehölzen oder in durch Erholungssuchende beunruhigten Revierteilen ist allerdings mit einem frühen Einschieben der Sauen zu rechnen. Je nach Reviersituation starten wir mit dem Kreisen gegen 9 oder 10 Uhr. Sind Sauen fest, sollten sich die Schützen am frühen Mittag treffen. Wintertage sind kurz!

Wie die Bezeichnung »Sauen kreisen« schon verrät, beginnen wir mit einem möglichst großen Kreis um ein ausgesuchtes Waldstück herum. Es muss unbedingt vermieden werden, zu nah am Einstand vorbeizulaufen. Ein Allradfahrzeug eignet sich gut zum Umfahren des Gebietes, in dem Sauen vermutet werden. Es spart viel der im Winter kostbaren Zeit und stört das Wild am wenigsten, da es Fahrzeuggeräusche auf Waldwegen gewohnt ist. Mit heruntergelassener Seitenscheibe halten wir Ausschau nach Schwarzwildfährten. Werden wir fündig, steigen wir aus, zählen, begutachten und machen Notizen in der Revierkarte. Wechselt eine Rotte kompakt hintereinander über einen Weg oder eine Schneise, gehen wir die Fährte ein paar wenige Meter aus. Nicht selten lässt sich dann besser ausmachen, wie viele Sauen es waren. Genauso verfahren wir mit allen weiteren Schwarzwildfährten, bis sich der Kreisbogen schließt. Jetzt lässt sich auszählen, wie viele Sauen in diesen Kreis ein- und ausgewechselt sind. Je nach Topografie, Revierbeschaffenheit und Schneehöhe kann man auch mit Langlaufskiern oder Schneeschuhen kreisen.

Sicherlich wartet so manche Überraschung auf den Jäger. Hat es nämlich bereits deutlich vor Mitternacht aufgehört zu schneien, lässt sich nicht erkennen, ob die Sauen schon im umkreisten Gebiet lagen, dieses verlassen und morgens wieder angenommen haben. Oder aber sind sie in derselben Nacht erst eingewechselt und nur durch dieses hindurchgezogen? Befinden sich möglicherweise sogar Sauen im Treiben, die in jener Nacht überhaupt nicht umhergezogen sind? Bekanntermaßen ist die Jagd – zum Glück – immer wieder für Überraschungen gut!

Beim Begutachten der Fährten empfiehlt sich das Austreten oder Verwischen der Fährten über wenige Meter. So kann dieser Schnee auch in den kommenden zwei bis drei Tagen noch zum Kreisen genutzt werden, sollte es keinen erneuten Schneefall geben. Bei hohem Wildvorkommen wird es allerdings problematisch, da der gesamte Schnee im Bereich der Hauptwechsel durch unzählige Fährten niedergetreten ist.

Wird gut organisiert, lässt sich erfolgreicher jagen

Vermutet der Fährtengeher mit hoher Wahrscheinlichkeit Sauen im gekreisten Gebiet, kann er direkt anschließend diesen Kreis halbieren oder vierteln und auf den Hauptwaldwegen (Forststraßen) am besten wieder mit dem Fahrzeug weiter abfährten, da es weniger stört als der mit schlechtem Wind herumschleichende Jäger. Die Kreise dürfen nach wie vor auf keinen Fall zu eng am Einstand entlang gezogen werden, da man mindestens einmal beim Umlaufen in schlechten Wind kommt. Die im Winter ständig bejagten Sauen sind noch aufmerksamer als sonst schon und werden auswechseln, bevor die Schützen angestellt sind. Nichts ist für einen Jagdleiter peinlicher, als viele berufstätige Jäger von ihrer Arbeitsstätte wegzubeordern, um sich im Wald kalte Füße zu holen, während sie auf Sauen warten, die längst drei Reviere weiter in Sicherheit sind. Sicherlich kann so etwas immer wieder mal passieren, doch schwindet deutlich das Vertrauen der Jäger in die Künste des Fährtengehers.

Sind passende Sauen im Revier gefunden und ist ihr Tagesversteck lokalisiert, machen wir uns an die Organisation der ab Mittag stattfindenden kleinen Drückjagd.

Ideal wäre eine aufeinander eingespielte, erfahrene Schützenmannschaft von überschaubarer

Größe, die sich auch beruflich im Fall der Fälle für solch eine spontan angesetzte Jagd freimachen kann. Absprachen hierzu sollten bereits im Herbst oder Sommer – bei Ernteeinsätzen gilt übrigens das Gleiche – getroffen werden und die zur Verfügung stehenden Schützen in einer Telefonliste verewigt werden. Auf dieser Liste sollten auch die passionierten Hundeführer nicht fehlen. Ohne sie läuft bei diesen Aktionen nicht viel!

An einem nicht zu dicht am Treiben liegenden Treffpunkt weist die Jagdleitung Schützen, Ansteller, Hundeführer und Treiber in die Örtlichkeit, den Sachverhalt und die Abschussfreigabe ein. Wenige ortskundige Jäger stellen die Schützen gleichzeitig von mehreren Seiten an. Vorrangig stehen schon die Schützen mit gutem Wind, bevor der Rest den Kreisbogen endlich schließt. Wie bei anderen Gesellschaftsjagden ist von der Jagdleitung auf genügend Schussfeld mit geeignetem Kugelfang, auf weiträumiges Abstellen und gekennzeichnete Sicherheitsbereiche zu achten. Das Abstellen Schulter an Schulter auf einer Schneise am Dickungsrand wie bei einer Hasenjagd bezahlt der Jagdleiter mit gefehltem oder krankem Wild, mit Rücken- und Keulentreffern, mit geschlagenen Hunden, weil die Sauen den Einstand an der Schützenlinie nicht verlassen wollen. Und wenn alles daneben geht, auch noch mit potenziellen Jagdunfällen!

Da an einem Wintertag das Licht schnell schwindet, muss der Rundruf bis Mittag erledigt sein. Jagdbeginn ist spätestens um 13 Uhr, denn ab 16 Uhr reicht das Licht im Wald oft nicht mehr zum Ansprechen und sicheren Schießen aus. Außerdem werden die Sauen zur Dämmerung hin meistens noch hartnäckiger und weigern sich, die Dickung zu verlassen.

Wir sollten uns beim Abfährten morgens und beim Jagen am Nachmittag stets mit einem Kreis zufrieden geben. Auf die Schnelle mehrere Rotten festmachen und gar noch mehrere Treiben auf die Beine stellen zu wollen, geht meistens schief. Auf jeden Fall bringen wir nur unnötig und unverhält-

▼ *Ein »todsicherer« Platz ist mit gutem Wind der morgendliche Einwechsel.*

▼ *Bevor es über freie Flächen geht, sichern ältere Sauen gerne am Dickungsrand.*

nismäßig viel Unruhe, gemessen am Ergebnis, in unser Revier und den Schwarzwildbestand. Lieber beschränken wir uns auf nur ein Treiben, das dafür aber gründlich und professionell bejagt wird und uns sauber erlegtes Wildbret und wenig Nachsuchen beschert. Nach dem Treiben versorgen wir die erlegten Sauen und legen sie zur Strecke. Eine ordentlich gelegte kleine Strecke auf einer verschneiten Waldwiese, dazu das Signal »Sau tot«, lässt den Jagdtag sicherlich unvergessen enden.

Anfallende Anschüsse werden verbrochen. Der Schnee erleichtert dabei auch dem ungeübten Auge das Auffinden von Pirschzeichen. Jedoch verleitet er auch zu gerne den ungeduldigen Jäger zum zu frühen Nachgehen. Falls es das Licht noch erlaubt, werden vielversprechende Totsuchen selbstverständlich noch mit erfahrenen Hunden gearbeitet. Zweifelhafte Fälle und zu erwartende Arbeiten mit Hetzen sparen wir bis zum nächsten Morgen für den Spezialisten auf. So, mit einer kleinen, aufeinander abgestimmten Mannschaft durchgeführt, werden Jagden auf gekreiste Sauen im Winterwald für alle Beteiligten zum unvergesslichen Erlebnis.

Es geht auch mit wenigen Jägern,Treibern und Hunden. Bekommt der Organisator einer Jagd auf gekreistes Schwarzwild nicht genügend Schützen oder Stöberhundeführer und Treiber zusammen, muss das kein Grund zu Resignation zu sein. Oft reichen ein bis drei Schützen, die gekonnt am Wechsel, vornehmlich am morgendlichen Einwechsel der Einzelsau oder Rotte, mit gutem Wind gedeckt angestellt werden, und ein versierter Hundeführer aus, um Erfolg zu haben.

Stehen die Schützen, arbeitet der Hundeführer mit seinem Hund am Riemen die Schwarzwildfährte(n) aus, bringt dadurch irgendwann die Sauen auf die Läufe, die dann durch das Legen von Widergängen oder Kreuzfährten – gerade alte Keiler machen das perfekt – versuchen, ihren Verfolger abzuschütteln. Passt der Wind, verlassen sie, vorsichtig am Dickungsrand nochmals sichernd, gemächlich auf ihrem morgendlichen Einwechsel ihren Einstand. Nun gilt es, dass dem Schützen nicht die Nerven durchgehen. Er muss regungslos bleiben, bis das Wild an ihm vorbeiwechselt und ihm schussgerecht breit kommt.

▶ Tipp

Wildeinstände können mittels fein angelegter Spürbahnen, die regelmäßig gerecht oder gefräst werden, ohne Schnee abgefährtet und dann mit demselben Erfolg bejagt werden. Ebenso verhilft ein auf der Vorsuche bestens eingearbeiteter und verlässlicher Schweißhund, der seinem Führer alle ein- und auswechselnden Hochwildfährten zeigt, zu manchem Erfolg. Zudem ist dieses Verfahren eine reine Augenweide für jeden Jäger, der eine perfekte Hundearbeit zu schätzen weiß.

Kommt so ein vor dem Schweißhund lancierter Basse zur Strecke, wird er dem Erleger zeitlebens in besonderer Erinnerung bleiben! Auch kann in solch einer Situation der Hundeführer mit dem Stöberhund am Riemen ansuchen und den Hund dann in der Dickung schnallen. So werden ihn Rehe am Rand des Einstands nicht verleiten. Er arbeitet sich an die Sauen im Kessel heran und zeigt diese durch konstanten Standlaut seinem Führer an. Macht der Hund nicht zu viel Druck, sondern stellt aus der Entfernung, verharren die genervten Schwarzkittel im Kessel. Auf Wind und Geräusche peinlichst achtend, schiebt sich der Hundeführer nun an den Bail heran, bis ein Fangschuss möglich ist. Die restlichen Sauen spritzen auseinander und werden vom Hund vor die vorgestellten Schützen gebracht. Solche Jagden sind das Salz in der Suppe.

VIERBEINIGE JAGDHELFER

Die Wahl des richtig dosierten Stöberhundeeinsatzes spielt die eigentliche Schlüsselrolle, wenn die Jagd erfolgreich sein soll. Saujagden verlangen nach wildscharfen Hunden und erfahrenen Hundeführern.

DER EINSATZ VON STÖBERHUNDEN

Je nach Wildart, Reviertyp und waldbaulichen Gegebenheiten plant der Jagdleiter den Stöbereinsatz speziell zugeschnitten.

In kleinen Revieren ohne schwere Einstände oder in der Nähe von Verkehrsadern kann es ausreichend sein, nur mit wenigen Treibern ohne den Einsatz von Jagdhunden zu operieren. Sind die Reviere gut begehbar, die Einstände übersichtlich und besteht keine besondere Verkehrssicherungspflicht, sind einzelne, kurz jagende Hunde eine bereichernde Unterstützung für die Treiber. Sicherlich gehören bei vielen Bewegungsjagden die angestammten Treiber zum jagdlichen »Inventar«. Doch sprechen wichtige Gründe gegen den Einsatz von Treiberwehren bei Schalenwilddrückjagden:

- Die planmäßige Führung von Treiberwehren in unübersichtlichen Revierteilen ist nahezu unmöglich. Es ist vorprogrammiert, dass bereits nach wenigen 100 Metern die notwendige, disziplinierte Treiberlinie abreißt. Diese Lücke findet das aufgemachte Wild schnell. Setzt ein Jagdleiter auf ein sogenanntes Standtreiben mit mehreren Schützenlinien hintereinander, kann jedes Treiben in einem Fiasko enden, sollte die Treiberwehr Lücken aufweisen oder gar Treiber aufgrund von Orientierungsschwierigkeiten unterwegs verloren gehen.

▼ *Erfahrene und wildscharfe Stöberhunde klären etliche Nachsuchen bereits im Treiben mit der Unterstützung des Hundeführers.*

- Treiber gehen gerne dort, wo es sich bequem laufen lässt, aber eben nicht da, wo die Sauen sind! Diese werden überlaufen oder umgangen und harren im Einstand aus, bis das Treiben zu Ende ist.
- Wer neben einer über das Treiben verteilten Schützendichte noch zusätzlich mit einer Menge Treibern arbeiten will, ist als Jagdleiter sehr risikofreudig. Jeder zusätzlich auf der Fläche herumlaufende Mensch ist trotz aller Vorsicht und Umsicht bei der Planung solch großer Jagden schlichtweg ein unkalkulierbares Sicherheitsrisiko.

Viele Jagdleiter schwören auf die verteilte Beimischung von Hundeführern in der Treiberwehr. Sicherlich wird die Wehr nun effektiver arbeiten, denn die Hunde unterstützen dort, wo kein Treiber reingeht. Der Hundeführer jedoch, der an seinen Platz in der Wehr genauso gebunden ist wie der Treiber, darf diesen schon aus Sicherheitsgründen nicht verlassen. Seine Hunde jagen aber da, wo das Wild ist. Stellen Hunde kranke Sauen, kommt es unweigerlich zu geschlagenen Hunden, da sie meist keine mutige und fachkundige Unterstützung erfahren. Die ohnehin schon gefährliche Situation droht zu eskalieren. Befinden sich zudem junge Hunde, die in der sensiblen Einarbeitungsphase stehen, im Treiben, kommt es regelmäßig vor, dass sie recht bald selbstständig unterwegs sind und sich fremden Menschen/Treibern anschließen, wenn sie ermüden oder bei ihnen gar Beute gemacht wird. Der so im Vorfeld mühsam aufgebaute Kontakt zum eigenen Führer geht innerhalb kürzester Zeit verloren und der Hund ist für die eigentliche Teamarbeit Hund – Führer nachhaltig verdorben, wenn es der junge Hund erst einmal gelernt hat, dass er auch ohne seinen Führer »wilde Jagd« machen kann.

▼ *Je nach Schwierigkeitsgrad und Größe eines Saueinstands stellt der Jagdleiter die Stöberteams zusammen, aus Sicherheitsgründen mindestens zwei je Einstand.*

Eine weitere Variante, wie sie oft in Mittelgebirgsrevieren mit dem Schwerpunkt Rotwild zu finden ist, sieht die Hundeführer mit ihren Stöberhunden als mitjagende Schützen auf nahe am oder im Einstand an engen Wechseln postierten Ständen. Über die gesamte Fläche verteilt, übernehmen ausschließlich die Hunde den Stöbereinsatz. Das funktioniert ganz ordentlich, wenn zum einen die Einstände nicht zu weitläufig und schwer sind und die Zielwildart, die bejagt werden soll, das wiederkäuende Schalenwild ist und Sauen nur Beifang sind. In typischen Schwarzwildrevieren mit entsprechenden Einständen jedoch funktioniert ein solcher Plan der Jagdleitung schon deshalb nicht, weil es nur verhältnismäßig wenig Hunde gibt, die selbstständig in schweren Einständen einen solchen Druck aufbauen können, um Rotten so sprengen zu können, dass die Sauen überrascht und orientierungslos verschiedene Schützenstände anlaufen.

Bei entsprechend dichten Einständen ist die Zahl der eingesetzten Hunde oft nicht den Größen und Schwierigkeitsgraden der Dickungen wie auch nicht der Dauer des Treibens angepasst. Manche Hunde arbeiten nicht selten bis zur völligen Erschöpfung an Sauen, geben auf oder werden dann gar geschlagen. Kennt das Schwarzwild den Einsatz von Stöberhunden erst einmal, stellt es sich schnell darauf ein und kann Hunde, Jäger und Jagdleitung mit seiner Hartnäckigkeit nicht selten zur Verzweiflung bringen.

So ergibt sich für den Hundeeinsatz in typischen Schwarzwildrevieren nur eine wirklich brauchbare und effiziente Lösung. Auf der gesamten zu

Meuten nur unter Vorbehalt

Prinzipiell ist der ideale Hund für die Bewegungsjagd der »Solojäger« mit einem sicheren Orientierungsvermögen und einer ausgesprochenen Verträglichkeit zu anderen Hunden. Mit dem Einsatz einzeln jagender Hunde unterstreicht der Jagdleiter einmal mehr die Bekundung einer legalen Jagdausübung nach den Bestimmungen von Bundesjagdgesetz und Tierschutzgesetz, denn der einzeln jagende Hund folgt dem aufgestöberten Schalenwild fährtelaut und mit Abstand fährtetreu. So besteht eigentlich kein Grund zur Annahme, dass Wild langen, schnellen Sichthetzen mit anschließendem Fangen ausgesetzt ist. Selbst wenn mehrere Hunde im Treiben laufen, arbeiten sie in erlernter Weise einzeln. Sie gehen nie zu einer Meute über, da die gewachsene Hierarchie von Kopfhund und Fängern fehlt. Deren Einsatz ist daher sehr umstritten, zumal sie nach Art und Zusammensetzung auf das gemeinsame Jagen und Fangen von Wild aus sind. Während Kleinmeuten mit wenigen kleinen Hunden, die mit enger Führerbindung Saurotten im dichten Einstand wirkungsvoll sprengen und nur kurz anjagen, sicherlich effektiv und sinnvoll sein können, verliert sich ihr Nutzen für die Jagd, wenn sie allesamt am ersten Reh den Einstand verlassen und lange nicht in den Bogen zurückkehren. Werden in der Meute gar noch mehrere hochläufige und stumm jagende Hunde verwendet, lässt sich die Zielsetzung nicht mehr leugnen. Die beabsichtigte Hetze mit sichtigem Verfolgen, Stellen oder gar Abtun des Jagdwildes durch die Meute erfüllt eindeutig die Attribute der nach Bundesjagdgesetz und Tierschutzgesetz verbotenen Hetzjagd!

bejagenden Fläche setzt der Jagdleiter verteilt seine Stöberhundeführer ausschließlich in den Einständen ein. Je nach Größe und Schwierigkeitsgrad des Einstands sucht er entsprechende Hundeführer aus. Aufgrund der bei Schwarzwildjagden immer einzukalkulierenden Möglichkeit, dass sich ein Hundeführer oder einer der Hunde ernsthaft verletzt, arbeiten aus Sicherheitsgründen mindestens zwei Mann zusammen. Mit Größe und Schwere des zu bejagenden Gebiets nimmt die Zahl der eingesetzten Hundeführer und Stöberhunde zu.

Der Jagdleiter, der seine Mannschaft unter den Rüdemännern kennen muss, setzt sie mit den Hunden nach ihrer individuellen Eignung wohlüberlegt und strategisch sinnvoll ein. Für Schwarzwildjagden sind Hundeführer mit ihren Vierbeinern im Einstand einfach die optimale Lösung:

- Da der Hundeführer in der Regel bei jeder Jagd dieselben Einstände beunruhigt, weiß er sehr bald, wo die Sauen bevorzugt liegen. Diese Stellen sucht er gleich zu Beginn des Treibens zielgenau auf. Erst dann durchstöbert er systematisch den kompletten Einstand. Auf diese Weise laufen die Sauen bereits von Beginn an. Neu einwechselnde Sauen stoßen sofort wieder mit den Stöberhunden zusammen.
- Der Hundeführer bleibt im eng begrenzten Einstand. Er verlässt diesen während der gesamten Dauer des Treibens nicht. Seine Hunde werden nach dem Anjagen des Wildes recht bald abbrechen und ihren »Kopfhund«, den Hundeführer, aufsuchen.
- Stellen die Hunde starke Sauen, die nicht rücken wollen, oder binden sie gar ein krankes Stück, ist

▼ *Hoch gemachte Sauen stoßen erneut auf Stöberhunde und werden so in Bewegung gehalten.*

der Hundeführer stets in ihrer Nähe und kann helfend eingreifen. Diese psychologische Unterstützung ist nicht zu unterschätzen, mobilisiert nicht selten auch gegen Ende des Treibens noch einmal alle Kräfte der mittlerweile schon müden Vierbeiner.

• Im Falle, dass die Hunde eine kranke Sau stellen oder gar binden, ist der erfahrene Hundeführer schnellstmöglich zur Stelle und klärt die Gefahrensituation professionell durch Abfangen.

▲ *Wenn Rotten auf ihrem Weg in neue Einstände auf Stöberhunde auflaufen und es diesen gelingt, das Schwarzwild auseinanderzusprengen, können Schützen mit mehr Jagderfolg rechnen.*

• Diese Art des Stöbereinsatzes hat sich deshalb schon oft bewährt, da nur so der Rottenverband gesprengt wird und regelmäßig viele Einzelsauen wie von der Jagdleitung geplant vor die Schützenstände gelangen.

UNTERWEGS MIT DEM SAUFINDER

Neben Ansitz-, Drück- und Bewegungsjagden gibt es noch eine ganz besondere Art, Sauen auf die Schwarte zu rücken. Diese ist aber nichts für jedermann! Aus dem Erfahrungsschatz von Matthias Meyer:

Das Ausgehen von Einzelfährten bei Schnee, das Angehen von Sauen im Einstand oder die Bejagung vor dem stellenden Jagdgebrauchshund, dem Finder, beherrschen nur wenig Jäger. Da es eine Besonderheit ist, soll diese Bejagungsart dennoch vorgestellt werden.

Die Schwarzwildjagd mit dem gut abgeführten Saufinder ist zum einen noch sehr ursprünglich und zum anderen aufgrund der Deckungsstrukturen im Einstand aber eben auch häufig mit ernsten Gefahren für Hund und Jäger verbunden. Gekonnt durchgeführt, kann sie jedoch erfolgreich sein. Am besten eignen sich dafür nur mäßig scharfe Hunde, die aber ausdauernd Laut geben und somit dem Schwarzwild lästig werden. Die so »verratenen« Sauen fürchten keine ernsthafte Gefahr durch den Hund und bleiben im Kessel liegen.

In Revieren, in denen Schwarzwild regelmäßig auf Drückjagden vor Stöberhunden gejagt wird, ist es häufig derart abgebrüht, dass es sich von einem einzelnen Hund gar nicht mehr sprengen lässt. Oft halten Sauen sogar den sich nähernden Jäger lange aus, ehe sie den Kessel widerwillig verlassen. Doch Achtung! Vor allem erfahrene Stücke über 50 Kilogramm nehmen mit hoher Wahrscheinlichkeit den angehenden Hundeführer an, wenn der eine Distanz von zehn Metern zum Kessel unterschreitet! Für ihn ist das eine durchaus unangenehme Situation, denn er kann in der Regel nicht flüchten oder auf oder hinter stärkere Bäume ausweichen. Beim Fangschuss besteht aufgrund des dichten Bewuchses immer die erhöhte Gefahr, dass es zu Abprallern oder Querschlägern kommt, die den Hund verletzen können. Das stark begrenzte Sichtfeld lässt zumeist nur einen konzentrierten, instinktiven Fangschuss einen Meter vor den eigenen Kniescheiben zu.
Bevor aber Führer und Hund die Saufährte(n) ausarbeiten, werden bekannte Fluchtwechsel mit nur wenigen, aber unbedingt geübten und vor allem disziplinierten Jägern abgestellt. Dazu gehören natürlich genaue Kenntnisse von Revier, Einstand, Wechseln und Windverhältnissen.

▲ *Starke Einzelsauen wie dieser uralte Keiler halten Hund und Führer lange aus, bis sie meist doch annehmen.*

Schwarzwild geht ausnahmslos – wenn es ohne großen Druck angerührt wird – am liebsten gegen den Wind aus dem Einstand. Die Schützen gehören daher mit halbem Wind und mit etwas Abstand zu den bekannten Wechseln abgestellt. Alte Keiler und auch kranke Sauen auf der Nachsuche benutzen beim Verlassen des Einstands meist den ihnen bekannten Einwechsel. Dieser Platz muss daher unbedingt besetzt werden und ist erfahrungsgemäß ein Logenplatz.

Richtig gute, allein jagende Saufinder sind unter den Stöberhunden allerdings »weiße Raben«. Seit 25 Jahren führe ich als Berufsjäger Schweißhunde und stets auch Stöberhunde. In dieser Zeit habe ich etwa 40 Stöberhunde für die Jagd an Schwarzwild geprägt, abgeführt und in der Praxis fest bejagt. Neben überwiegend Deutschen Jagdterriern waren einige Deutsche Wachtelhunde, Bracken und Vorstehhunde unter ihnen. Alle diese Hunde genossen eine ähnliche Ausbildung: bereits beim Züchter Welpenprägung auf Schwarzwild, Schleppen und Fährtenschuharbeit mit Schwarzwildwittrung, Reizangeltraining an der Sauschwarte, hin und wieder Arbeiten mit der Pendelsau und natürlich eine solide Einarbeitung in einem Schwarzwildgatter.

Bei Reviergängen bot sich zudem für so manchen Anwärter die Gelegenheit, Fährtenarbeit oder Sichthetzen an Sauen zu absolvieren. Bereits im Alter von etwa sechs Monaten haben alle Junghunde die Gelegenheit, im Beisein erfahrener Althunde und von mir als Hundeführer im Treiben erste jagdliche Erfahrungen zu sammeln. Dabei lege ich mein Augenmerk auf den Orientierungs-

▼ *Das Angehen und das Schießen im dichten Einstand erfordern besondere Vorsicht und Konzentration.*

sinn, die Selbstständigkeit, den Laut und die Sozialverträglichkeit am erlegten Stück im Beisein anderer Hunde.

Aus diesem Ausbildungsweg sind sehr viele Stöberhunde hervorgegangen, die am Schwarzwild mit Passion gejagt haben. Einige von ihnen sind leider auch Opfer ihrer Passion geworden. Der Großteil dieser Hunde hatte eines gemeinsam: Sie haben hart an Sauen gejagt und waren dort, wo diese steckten. Sie haben aber nicht mit und für ihren Führer gearbeitet.

Lediglich zwei von ihnen, eine braune Deutsche Wachtelhündin und die von mir seit neun Jahren geführte Schwarzwildbracke, erfüllten und erfüllen noch jetzt die Kriterien eines Solojägers am Schwarzwild. Bei beiden Hunden ist schon sehr früh eine ausgesprochene Führerbindung erkennbar gewesen. Rasch ignorierten sie von sich aus Rehwild und konzentrierten sich auf die Suche von im Kessel sitzenden Sauen. Die Bracke stellt bevorzugt einzelne starke Sauen. Diese werden lang anhaltend – bis zu einer Stunde – stoisch aus zwei bis drei Metern Abstand verbellt, sodass man die Sauen leise und auf den Wind achtend bis auf geringste Distanz anpirschen kann. Leider sind Sauen oft nur sehr schwer frühzeitig in dichtem Verhau zu erkennen.

Viele hochveranlagte Jagdhunde lassen sich speziell für die Stöberarbeit am Schwarzwild zu durchaus verlässlichen Jagdhelfern ausbilden, wenn die jagdlichen Rahmenbedingungen passen. Die wirklich solo jagenden Saufinder aber bleiben die »weißen Raben«.

▼ *Hat der Hundeführer so dicht auf den scharf stellenden Hund aufgeschlossen, muss er nun mit allem rechnen!*

NACHSUCHEN

Die Nachsuchen auf Schwarzwild machen in der Praxis bei den meisten Schweißhundestationen oft mehr als 80 Prozent aller Arbeiten aus. Das hat die verschiedensten Ursachen.

DIE BESONDERHEITEN

Bei Sauen ist alles anders

Nachsuchen auf Schwarzwild machen bei den meisten Schweißhundestationen oft mehr als 80 Prozent aller Arbeiten aus. Das liegt zum einen daran, dass Sauen vielfach bei unzureichenden Lichtverhältnissen oder auf Drückjagden in der Bewegung beschossen werden. Hinzu kommt die Tatsache, dass Schwarzwild im Schuss nicht eindeutig zeichnet oder der Schütze aufgrund der Lichtverhältnisse und des blendenden Mündungsfeuers, aber auch aufgrund der Kurzläufigkeit und Härte des Wildes ein Zeichnen nicht erkennt.

Der kompakte Wildkörper, die zähe und dichte Schwarte sowie reichlich Weißes darunter verhindern oft genug das Austreten von Schweiß und damit einen deutlichen Weiser, getroffen zu haben. Viel häufiger als bei anderem Wild gehen Schützen deshalb irrtümlich von einem »unerklärlichen Fehlschuss« aus.

Aber auch bei einer Bestätigung des Treffers anhand von Schweiß missglücken etliche Nachsuchenversuche. Für den ungeübten Hund stellen sich bereits am Anschuss unüberwindbare Hürden:

- Der Anschuss liegt nicht selten im direkten Bereich einer Kirrung. Dort ist in der Regel bereits vor dem Schuss viel Wildwittrung von unterschiedlichen Wildarten. Beim Schuss auf eine Sau steht nicht nur deren Wittrung am Platz, sondern zusätzlich die von weiteren Rottenmitgliedern, die zudem alle den gleichen »Rottengeruch« tragen. Und zu allem Überfluss erwartet das Gespann bei der morgendlichen Anschussuntersuchung nicht selten deutlich frischere Wildwittrung. Allein dieser Geruchscocktail überfordert so manchen Hund, sich auf den Abgang der Wundfährte zu konzentrieren.
- Wird ein Stück Schwarzwild aus dem Rottenverband heraus beschossen, versucht es, so lange

Anschussmeldung		**Datum:**
Treiben Nr. 1*/2*	Hochsitz Nr.:	Schütze:
		Kal. d. Waffe:
		Geschosstyp:

1. Wildart, mit Altersklasse, bei Schwarzwild ca. - Gewicht:

2. Einzelstück, Rotte oder Rudel, ggf. Stückzahl:

3. Stellung des Wildes beim Schuss:

Bitte vermutlichen Einschuss mit X zeichnen. (bei Hirsch und Reh entsprechend)

Gleiches Stück x beschossen. Rotte/ Rudel x beschossen.

Bitte Anschuss mit X und Fluchtweg mit ➔ in die nachfolgende Skizze eintragen. Kreismittelpunkt ist der Sitz mit Blick nach vorn.

100 m 60 m 30 m

Anschuss verbrochen mit Farbband
- genau*
- an vermuteter Stelle*

gefunden wurden:
- Kugelriss*
- Schweiss*
- Schnitthaar*
- Knochen*
- Sonstiges:

Das Stück hat
- nicht gezeichnet*
- gezeichnet*:

- nicht geklagt*
- geklagt*

vermuteter Sitz der Kugel:

*Bitte Unzutreffendes Streichen, oder Zutreffendes eindeutig einrahmen (kringeln)

Vermerke des Schweisshundeführers:

Kontrollsuche ☐ Nachsuche ☐ erledigt ☐

◀ *Mithilfe einfacher, aber detaillierter Anschussmeldungen bleiben beim Schweißhundeführer keine wichtigen Fragen offen.*

wie möglich der abspringenden Rotte zu folgen. So erwartet das nachsuchende Gespann entlang der Fluchtfährte eine Autobahn von Verleitungen, die zudem alle ähnlich riechen.

- Wie oben erwähnt, kann es häufig passieren, dass dem nachsuchenden Jäger die optische Bestätigung in Form von Schweiß fehlt, weil das Stück keinen Ausschuss hat, die Winterschwarte zäh und dicht ist, der Ausschuss weit oben sitzt oder eine Darmschlinge diesen verstopft. Ursachen gibt es einige, warum bei einer Wundfährte vom Schwarzwild oft erst nach 80 bis 100 Metern Schweiß sichtbar wird. Arbeitet der Hund nicht die Fährte entsprechend lange konzentriert oder zieht ihn sein Führer ungeduldig zu früh ab, wird eine potenziell erfolgreich erscheinende Arbeit unbewusst ergebnislos abgebrochen.
- Im Gegensatz zu so mancher Nachsuche auf eine andere Schalenwildart verlaufen Schwarzwildnachsuchen in der Regel in schwerem, nassen und unübersichtlichen Gelände, selten aufrechten Ganges, sondern vielfach auf den Knien in den Tunneln von Ginster, Schilf, Raps oder Schwarzdorn.
- Die Riemenarbeiten sind bei vergleichbaren Treffern deutlich weiter als bei den wiederkäuenden Wildarten und nicht selten erwartet das kranke Stück das nachsuchende Gespann im dichtesten Verhau. Anders als bei anderem Wild ist Schwarzwild zudem nicht nur äußerst wehrhaft, sondern gerade stärkere Stücke sind kurzentschlossen, den Verfolger anzunehmen und ihm schwere, manchmal sogar tödliche Verletzungen beizubringen.

Nachsuchen vermeiden

Richtiges Verhalten vor der Schussabgabe

Die in jüngster Vergangenheit immer beliebteren Bewegungsjagden können sich kaum vor Andrang von bereitwilligen Schützen retten. Viele dieser Jagden, die eigentlich harte Arbeit bei der Abschussplanerfüllung sein sollen, bilden aber auch ein beliebtes Forum für gesellschaftliche

▼ *Der treffsichere Schuss auf flüchtiges Wild verlangt vom Jäger eine entsprechende Vorbereitung!*

Einladungen. Und nicht immer ist ein Jagdgast, der zwar über einen Jagdschein und ein passendes Gewehr verfügt, mental, nervlich und auch nicht vom jagdlichen Können auf den möglicherweise wildreichen Anlauf an seinem Stand eingestellt. Die Konsequenz trägt das Wild!

Erfreulicherweise sind bereits viele Jagdleiter und Veranstalter von Bewegungsjagden dazu übergegangen, mit der Zusage zur Jagd einen Schießnachweis zu verlangen, oder bitten ihre Gäste vor der Jagd zunächst auf den Schießstand. Möge diese Einstellung noch mehr Schule machen!

Vor der Jagd auf Schalenwild steht grundsätzlich eine umfangreiche theoretische und praktische Vorbereitung:

- Fachwissen gewinnen über die zu bejagenden Wildarten und die Jagdart.
- Das Handwerkszeug muss sich in einem einwandfreien Zustand befinden.
- Der Kontroll- oder Probeschuss – vor Beginn der Jagdsaison, bei Munitionswechsel, bei Sturz oder Anschlagen von Waffe/Zieloptik ist obligatorisch.
- Regelmäßiges Schießtraining auf der 100-Meter-Kugelbahn, auf die Laufende-Keiler-Scheibe und insbesondere im Schießkino ist Pflicht.
- Das Warmschussverhalten einer kombinierten Waffe muss man kennen.

Richtiges Verhalten beim Schuss

Der Schuss auf ein Wildtier unterliegt zwangsläufig anderen Bedingungen als die Schussabgabe auf eine Zielscheibe auf dem Schießstand. Nicht selten muss der Jäger auf seine sichere Dreipunktauflage, die er dem Schießstand vergleichbar nur auf dem Hochsitz hat, verzichten. Beim Pirschen wechseln die Schießtechniken von stehend angestrichen oder aufgelegt am Zielstock bis zum freihändigen Schuss. Zudem muss das Wild angesprochen und Geduld geübt werden, bis das ausgewählte Stück Wild breit steht.
Erschwerend kommt das Entfernungsschätzen hinzu. Selten gibt es eine 100-Meter-Schussdistanz wie auf dem Schießstand. Der Jäger muss entsprechend der Nähe oder weiten Distanz und auch bei starkem Seitenwind gemäß dem eingesetzten Kaliber und Geschoss den Haltepunkt anpassen.

▼ *Schwarzwild ist flott unterwegs. (Grafiken: RUAG Ammotec)*

▼ *Aber auch die Entfernung vom Jäger zum Wild muss beim Flüchtigschießen berücksichtigt werden.*

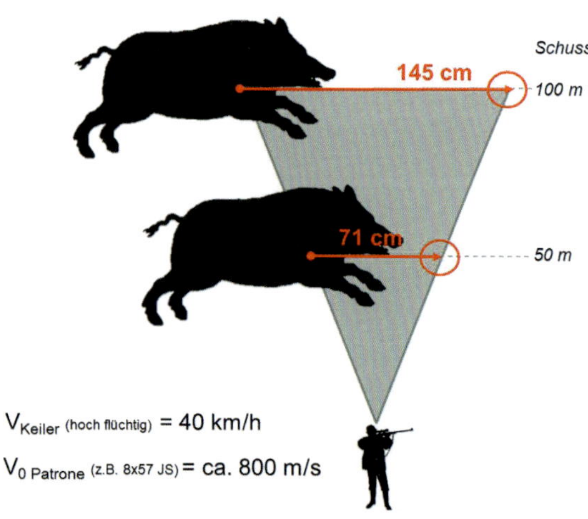

Bevor der ausgewählten Sau die Kugel angetragen wird, merken wir uns anhand von Hilfszeichen deren genauen Standort. Unmittelbar vor der Schussabgabe überzeugen wir uns, dass vor dem Wildkörper keine Hindernisse wie Äste, Draht oder Grashalme die Geschossflugbahn beeinträchtigen. Diese könnten das Geschoss verschlagen oder auseinanderspritzen lassen. Im günstigsten Fall verfehlen wir das Stück, anderenfalls bekommt es Geschosssplitter ab, die es tödlich verletzen können, ohne aber eine sichtbare Wundfährte zu hinterlassen. Im Schuss »schauen wir durch das Feuer« und beobachten ganz genau das Verhalten des beschossenen Tieres.

Richtiges Verhalten nach dem Schuss

Wer einen Repetierer führt, möge es sich zur Angewohnheit machen, im »Knall« zu repetieren und mit dem Absehen auf dem beschossenen Stück zu bleiben, um nötigenfalls nachschießen zu können. Gerade Wild, das am Haupt oder im Bereich der Wirbelsäule getroffen wird, geht schlagartig zu Boden, um sich nach kurzer Regungslosigkeit wieder zu bewegen und dann abzuspringen. Wild mit Äser-, Gebrech- oder Krellschüssen ist aufgrund der Verletzung oftmals im Rahmen der Nachsuche nur schwer zu bekommen, geht aber zumindest in der warmen Jahreszeit elendig zugrunde. Somit ist ein zusätzlicher

▼ *Wer an Drückjagden teilnehmen möchte, muss mit seiner Waffe entsprechend vertraut sein und pflichtbewusst den Schuss auf bewegte Ziele üben – aber auf dem Schießstand und im Schießkino, wie hier am niederbayerischen Bockenberg!*

Treffer eine deutliche Hilfe, das beschossene Wild nicht zu verlieren.

Das Verhalten nach dem Schuss ist im Wesentlichen durch genaues Beobachten der Situation bestimmt, um dem Schweißhundeführer wichtige Hinweise für die bevorstehende Nachsuche zu geben. Wir registrieren das Verhalten des beschossenen Stückes und verfolgen seine Flucht optisch wie akustisch. Bei Keilern mit Leber- oder Weichschüssen hören wir beispielsweise oft minutenlanges Klappern mit dem Gewaff in der Dickung. Wichtig kann auch das Benehmen des gesunden Wildes sein. Eine beschossene und getroffene, aber flüchtige Sau sondert sich häufig von der Rotte ab.

In jedem Fall gilt, nach dem Schuss Ruhe zu bewahren und die vergangene Situation nochmals vor dem geistigen Auge abzurufen, bevor wir den Anschuss betreten. Besteht die Gefahr, das im Wundbett befindliche Wild könnte den Jäger bemerken, entfernen wir uns möglichst leise vom Sitz.

Die Untersuchung des Anschusses erfolgt erst dann, wenn wir mit der Nachsuche beginnen. Am einfachsten finden wir den Anschuss, wenn wir eine Hilfsperson von unserem markierten Standort (sofern keine Ansitzeinrichtung) aus dorthin dirigieren. Das Gelände sieht vom Boden wieder ganz anders aus als von einer erhöhten Ansitzwarte. Der angeleinte Jagdhund kann ebenfalls gute Dienste leisten, wenn er die verstreuten Duftpartikel im Bereich des Anschusses verweist, ohne sie gleich zu fressen.

Am Anschuss untersuchen die Augen und nicht die Füße den Boden! Wir wollen ja schließlich nicht unbeabsichtigt Unmengen von Verleitungen

▼ *Der erfahrene Schweißhundeführer kann aus der Form der Schweißtropfen wichtige Rückschlüsse auf die Fluchtrichtung des kranken Stücks ziehen.*

für den Schweißhund legen und wertvolle Pirschzeichen, die den Sitz der Kugel verraten können, zertreten. Der gefundene Anschuss wird dauerhaft und auffällig markiert, um ihn auch am nächsten Morgen wiederzufinden. Um die Pirschzeichen vor Fleischfressern und Witterungseinflüssen zu sichern, deckt der Jäger den Anschuss großflächig ab oder sammelt die aussagekräftigsten Pirschzeichen ein, damit der Schweißhundeführer möglicherweise den Sitz der Kugel diagnostizieren kann.

Die Organisation der Nachsuche

Bei guten Pirschzeichen, die eine kurze Totsuche erwarten lassen, spricht nichts dagegen, die Nachsuche mit dem eigenen brauchbaren Jagdhund am Riemen zu beginnen. Nach einer angemessenen Wartezeit von ein bis vier Stunden ist das beschossene Wild meist verendet oder sitzt schwer krank im Wundbett. Nach der erfolgreichen Nachsuche kann die Sau ohne den gefürchteten Wildbretverlust verwertet werden.

Grundsätzlich ist eine Nachsuche Riemenarbeit! Fehlt uns auf der Nachsuche die Bestätigung oder vertrauen wir unserem Hund nicht mehr ausreichend, brechen wir die Arbeit sinnvollerweise unverzüglich ab – ohne lange zu kreisen, quer zu suchen oder gar den Hund aus Verzweiflung frei verloren suchen zu lassen. Wir würden nur unnötige und unkontrollierbare Verleitungen legen, die die Arbeit für den Spezialisten erschweren oder gar unmöglich machen. Bei eigener Unsicherheit, fehlender Kontrolle, bei unklaren und fehlenden Pirschzeichen am Anschuss oder solchen, die eine Hetze erwarten lassen, fordern wir gleich den Spezialisten an.

Weitere Erschwernisse, die die Arbeit mit dem eigenen Hund meistens scheitern lassen, sind

▼ *Begegnet dem Jäger eine Rotte Sauen, gilt es abzuwarten, bis sich ein schussbares Stück möglichst freistellt und kein dahinterstehendes Wild verletzt wird.*

Schneefall, starker Regen und Verleitungen durch Rotten- oder Rudelfährten, Fütterungs-, Einstands- und Brunftplatznähe. In solchen Situationen zeigen sich Selbstkritik, Selbsteinschätzung und Waidgerechtigkeit als wahre charakterliche Größe eines Jägers!

Die Anmeldung einer Nachsuche bei der Schweißhundestation sollte baldmöglichst erfolgen, damit der Schweißhundeführer, der oft Berufsjäger oder Förster ist, auch seinen Arbeitsablauf planen kann. Im Sinne der möglichen Verwertung des Wildbrets und der Biorhythmuskurve des Schweißhundes, der zufolge er ähnlich wie der Mensch morgens am effektivsten ist – auch die Wittrung steht morgens am besten –, sollte der Jäger die Nachsuche zeitig beginnen. Ein Kugelschuss kann auf der Jagd aus verschiedenen Gründen durchaus einmal nicht da sitzen, wo ihn der Jäger gerne hätte. Das ist nicht weiter verwerflich, solange der Unglücksschütze alles Menschenmögliche unternimmt, um diese Angelegenheit zu bereinigen. Bedenklich wird es, wenn aus Unkenntnis oder Selbstherrlichkeit die Situation durch eine Summe von Fehlverhalten zusätzlich erschwert wird. Bedenklich deshalb, weil dieser Missstand dann nämlich auf dem Rücken des Wildes ausgetragen wird. Öffentliche Konsequenzen treffen üblicherweise nicht den Verursacher, sondern leider das Ansehen der ganzen Jägerschaft.

▶ Hinweis

Melden Sie Nachsuchen beim bestätigten Nachsuchenführer schnellstmöglich telefonisch an – auch noch am späten Abend. Bis etwa 23 Uhr/23.30 Uhr haben viele Profis kein Problem mit einem späten Anruf.

▼ *Am starken Raureif ist das bereits kalte Wundbett zu bestimmen.*

▼ *Ein Keiler mit großflächiger Schussverletzung auf der Keule. Muss Wild spitz von hinten beschossen werden?*

SONDERFALL BEWEGUNGSJAGDEN

Professionell aufarbeiten

Bewegungsjagden sind im Hinblick auf die Abschussplanerfüllung beim Schalenwild heute kaum mehr wegzudenken. Beim Ablauf wurde vieles optimiert, jedoch fehlt es zu häufig noch an der professionellen Aufarbeitung der Nach- und Kontrollsuchen.

Ein Blick in allgemeine Nachsuchenstatistiken der Schweißhundevereine zeigt, dass bei jedem zehnten Schuss auf ein Stück Schalenwild im normalen Jagdbetrieb ein Hundeeinsatz anfällt – egal ob ein Fehlschuss zu kontrollieren ist, eine kurze Totsuche oder eine »richtige« erschwerte Nachsuche ansteht. Bei Bewegungsjagden fallen, bezogen auf die Strecke, im Schnitt etwa 30 Prozent Schweißhundeeinsätze an.

Es ist sehr bedenklich, wenn bei groß angelegten, teilweise revierübergreifenden »Aktionen« erst nach der eigentlichen Jagd Nachsuchenführer zu Hilfe gerufen werden. Noch bedenklicher ist es, wenn bei Jagden mit rund 100 Schützen und einer Strecke von gut 30 Stück Schalenwild etwa 150 Kugelschüsse fallen und die Mehrzahl der zu den ungeklärten Schüssen befragten Schützen als Antwort gefehlte Füchse nennen! Den Fuchs deshalb aus der Freigabe zu streichen, ist bei einer Bewegungsjagd sicherlich nicht wirklich erstrebenswert.

Jede Vierte ein »Volltreffer«

Interessanterweise endet jede vierte zur Kontrolle angemeldete Arbeit – gerade bei Jagden auf Schwarzwild – am gefundenen Stück! Eine

▼ *Schwarzwild nimmt mit über 80 Prozent Anteil einen Spitzenplatz am Nachsuchenaufkommen ein.*

Kontrollsuche ist ein gemeldeter Anschuss ohne optisch erfasste Pirschzeichen, die auf einen Treffer schließen lassen. Gerade bei Jagden mit dem Vorkommen von schwerem Wild wie Rotwild und Sauen sind Schüsse diagonal durch den Wildkörper relativ häufig.

Nicht selten treten dann entweder sogenannte Steckschüsse in Pansen (Weidsack) oder Keule auf oder die Stücke werden, da sie flüchtig beschossen wurden, hoch im Verdauungstrakt getroffen. Bei diesen Schüssen finden wir dann in aller Regel höchstens ein paar Schnitthaare. Der für einen Treffer dem Schützen Sicherheit gebende Schweiß tritt aber erst aus Ein- oder Ausschussloch, wenn der Bauchraum voll Blut gelaufen ist und es dann durch die Bewegung herausschwappt.

Besonders heikel sind diesbezüglich Anschüsse von Schwarzwild zu beurteilen, da beschossene Sauen in der Regel schlecht bis gar nicht zeichnen. Wenn sie in der Bewegung beschossen werden, gibt es meist überhaupt kein Zeichnen. Ein- und Ausschuss werden dabei oft von der beim Schuss verzogenen Schwarte größtenteils verdeckt oder von Weißem, Netz oder Darmschlingen wie mit Pfropfen dicht verschlossen. Ein Austreten von Schweiß wird erst ermöglicht, wenn die heraushängenden Innereien auf der Wundfährte an Ästen hängen bleiben.

Die im Herbst und Winter vorhandene dicke Fettschicht und die dichte, mit viel Unterwolle durchsetzte Schwarte machen es nicht einfacher. Sind die Schussverletzungen zudem mit Schlamm aus der Suhle verschmiert, bestätigt nur selten Schweiß die Wundfährte. Nur blind aufeinander vertrauende Gespanne mit ausgesprochen fährtentreuen und arbeitswilligen Hunden werden auf Dauer erfolgreich sein und die hohen Anforderungen meistern können.

Besonders bei Bewegungsjagden ist mit deutlich längeren Riemenarbeiten zu rechnen, weil sich zum einen das angeruhrte oder auch von Stöberhunden angejagte Wild oftmals weit aus dem Treiben entfernt. Schwer krankes Wild, das sich bereits im Wundbett eingeschoben hat, wird sehr häufig von Treibern oder Stöberhunden aufgemüdet. Kommen wildscharfe Hunde an dieses Stück, kürzen sie eine anfallende Nachsuche bereits während des Treibens ab. Das gestellte Stück wird von Hundeführern abgefangen und geborgen. Treiber oder nicht scharfe Hunde hingegen

◀ *Anders als bei der Ansitzjagd werden Sauen bei Drückjagden oftmals nicht breit stehend beschossen.*

treiben das kranke Wild weit vor sich her und erschweren den späteren Nachsucheneinsatz erheblich, weil sich das angerührte Wild nicht mehr so schnell einschiebt, sondern oft so lange läuft, bis es in der Fährte verendet zusammenbricht.

Wünschenswerte Vorarbeit

Im Falle einer Nachsuche gelten einige Spielregeln: Zu wünschen ist, dass sich die Schützen vor, bei und nach dem Schuss richtig verhalten. Auf einer Drückjagd sollten der eigene Standort, der des beschossenen Wildes und dessen Fluchtrichtung für jeden Schützen als feste Größe gelten, um später mithilfe des Hundes den Anschuss finden zu können. Das anlaufende Wild wird idealerweise möglichst breitseitig beschossen, um bei einem kurzen Geschossweg durch den Körper auch einen sicheren Ausschuss zu fabrizieren. Ein solcher liefert deutlich mehr Pirschzeichen, als es der nur kleine Einschuss tut.

Wird Wild in der Bewegung beschossen, muss der Schütze das Vorhaltemaß kennen. Er hat beim Anlaufen von Rotten vor dem Schuss genau auf eventuelle Silhouetten-Verschiebungen zu achten, um keinen »Paketschuss« zu verursachen. Andere, oftmals nicht zum Abschuss freigegebene Stücke könnten bei einer leichtsinnigen Schussabgabe durch Splitter oder Durchschläger mit verletzt werden. Aus Gründen der Unkenntnis würden eventuell die Stücke nicht zur Nachsuche gemeldet und müssten irgendwo dahinsiechen oder verludern. Beide Varianten sind aus Tierschutzgründen nicht gewollt!

Es ist wünschenswert, wenn ein Schütze erst dann ein weiteres Stück Wild beschießt, wenn das zuerst beschossene liegt. Ein selbstkritischer Jäger stellt sein Gewehr in die Ecke des Sitzes, wenn er zwei Stücke Schalenwild beschossen hat, die nicht in Sichtweite verendet liegen. So hält er die Situation um den Drückjagdstand für das helfende Gespann übersichtlich!

Sehr wichtig ist eine möglichst frühe Organisation der Nachsuche. Aber bitte nicht sofort selbst nachsuchen, sondern, ohne wertvolle Zeit zu vergeuden, ein leistungsfähiges Gespann beauftragen. Es ist am besten, wenn der erfahrene Nachsuchenführer selbst Anschuss und Pirschzeichen untersucht und beurteilt, bevor sie durch einen unachtsamen Schützen trotz aller gut gemeinter Absichten unbrauchbar gemacht werden.

In Hinblick auf die Verwertbarkeit des verletzten Wildes drängen die Jagdleiter bei Bewegungsjagden immer öfter auf eine möglichst frühzeitige Nachsuche. So sind bei Totsuchen eingesammelte Stücke meist noch nach den Vorgaben der Fleischhygieneverordnung verwertbar. Anders sieht es hingegen bei Wildbretschüssen, Laufschüssen, Gebrech- und Krellschüssen aus. Denn bis zu einem gewissen Grad sorgt die Stehzeit der Fährte dafür, dass der Hund sie deutlich ruhiger und konzentrierter arbeitet, als wenn sie zu frisch ist.

Wild mit den angeführten Treffern steht unter hohem Adrenalineinfluss und ist auf Flucht programmiert. Der Blutkreislauf und die Läufe sind weitestgehend stabil, sodass es jedem Hund bei der notwendig werdenden Hetze davonläuft. Lange, schwere Riemenarbeiten am nächsten Tag sind die Folge – meist auch noch mit ungewissem Ausgang. Im Sinne einer tierschutzgerechten Nachsuche sind die Erfolgsaussichten wesentlich höher, wenn das Wild im ersten Wundbett krank werden kann und sich dann nach überschaubarer Riemenarbeit und kurzer Hetze mit hohem Wundfieber dem Hund bis zum Fangschuss stellt. Starke Sauen, die mit Keulen- oder Weidwundschüssen zu früh angesucht werden, sind mit großer Wahrscheinlichkeit nicht verendet. Sie erwarten Hund und Nachsuchenführer oft am Ende eines Widergangs. Im diffusen Dämmerlicht eines verhangenen Wintertags kann es in dem Fall, dass die Sau annimmt, zu bösen Verletzungen kommen. Die Folgen sind nicht auszudenken, da der Schweißhundeführer bei Nachsuchen im Anschluss von Bewegungsjagden häufig alleine unterwegs ist.

Unzählige Verleitungen

Nicht zu unterschätzen sind die zahlreichen Verleitfährten durch gesundes Wild oder aber auch durch kreuzende Wundfährten anderer Stücke. Zudem laufen unzählige Spuren von Stöberhunden, »Schweißfährten« von Wildwagen und Wildbergetrupps, verletzten Hunden und auch Treiberspuren gehäuft in einem kleinen Terrain zusammen. Erschwerend hinzu kommt das nicht zu empfehlende Aufbrechen des Wildes am Schützenstand. Nicht nur die dort herumliegenden Aufbrüche beeinträchtigen die hochempfindliche Nase des Vierbeiners. Weit schlimmer sind die vielen kleinen Fleischbrocken, die von Kolkraben, Eichelhähern und Füchsen innerhalb weniger Stunden fast flächendeckend im Laub versteckt werden.

Die Jagdleitung hat bei einer Bewegungsjagd dafür Sorge zu tragen, dass erfahrene, den Anforderungen genügende Nachsuchengespanne in ausreichender Zahl rechtzeitig zur Verfügung stehen. Für eine zu erwartende Strecke von 25 bis 30 Stück Wild sollte ein Schweißhundeführer eingeplant werden. Lieber bleibt ein Gespann »arbeitslos«, als dass eine Reihe von anfallenden Arbeiten liegen bleibt, weil es an geeigneten Gespannen mangelt!

Die Logistik von Nachsucheneinsätzen beginnt eigentlich schon mit dem Anstellen der Schützen durch ortskundige, erfahrene Jäger. Nach Ende des Treibens holt der Ansteller jeden Schützen seiner Gruppe am Stand ab, erfragt den Munitionsverbrauch, notiert das erlegte Wild und lässt sich in eventuelle Anschüsse einweisen. In einem speziellen Anschussprotokoll erfasst er alle für die spätere Nachsuche erforderlichen Angaben. Wesentlich ist dabei das Abgleichen des erlegten

▶ Tipp

Ehrlichkeit der Jäger ist gefragt, die bei einer Drückjagd ein bereits angeschweißtes Stück Wild erlegt haben. Dieses zu verheimlichen, um sich als Erleger »rühmen« zu können, erschwert und behindert nur unnötig Nachsuchen. Vielmehr ist derjenige zu loben, der seinen Ansteller sogleich darauf hinweist und somit die Arbeit der Nachsuchengespanne wertvoll unterstützt.

Wildes auf Mehrfachtreffer. In das Anschussprotokoll werden die mit langen, farbigen Bändern im Gelände verbrochenen Anschüsse eingezeichnet. Ebenso hat es sich bewährt, erlegte Stücke zu vermerken, damit der Schweißhundeführer sich um den Stand zurechtfindet, wenn der Hund bei der Vorsuche Pirschzeichen verweist.

Im Trubel groß angelegter Drückjagden steht häufig weder der »Unglücksschütze« für die anfallende Nachsuche als Begleiter zur Verfügung, noch hat der Schweißhundeführer aus verschiedenen Gründen Gelegenheit, wichtige Einzelheiten für die Nachsuche von ihm zu erfragen. Damit jedoch keine entscheidenden Details verloren gehen, die für eine gewissenhafte Nachsuchenarbeit notwendig sind, muss eine gründliche, schriftliche Erfassung organisiert werden. Dazu ist es unerlässlich, dass die Jagdleitung einen erfahrenen Jäger mit der Nachsuchenleitung betraut. Die Jagdleitung ist mit der Fortführung der Jagd unter Einhaltung von Zeitplan und Logistik so beschäftigt, dass die Nachsuchenorganisation zusätzlich nicht entsprechend bewältigt werden kann und folglich losgelöst erfolgen muss.

Damit alle Nachsucheneinsätze sorgfältig erfasst werden, sollten überschaubare Schützengruppen

▲ *Bei Nachsuchen im Schnee geben das Fährtenbild und der Schweiß wichtige Hinweise über den Sitz des Schusses.*

von erfahrenen Helfern an nummerierten Ständen angestellt werden. In der Praxis haben sich kleine Gruppen von bis zu fünf Schützen bewährt. In dem vorgegebenen engen Zeitfenster kann der Ansteller gewissenhaft alle notwendigen Details zur Nachsuche aufnehmen. Nahezu ideal ist es, wenn unmittelbar nach dem Treiben dem Ansteller der Schützengruppe neben einem Wildbergetrupp gleich ein Nachsuchenführer zur Stelle ist und die Örtlichkeiten sowie die jagdliche Situation am Stand selbst in Augenschein nimmt. So werden keine wichtigen Details übergangen und es wird wertvolle Zeit bis zum Beginn der Nachsuche gespart. Sinnvollerweise arbeitet auch der aufnehmende Hundeführer die in Frage kommenden Fälle gleich selbst ab.

Damit es zu keinen Missverständnissen kommt, verwenden wir in der Geländespinne der Meldekarte keine Himmelsrichtungen, sondern die Stellung des Standes – hier ist der Eingang in den Schirm oder der Aufstieg zum Drückjagdsitz entscheidend als Orientierungshilfe. Die sorgfältig und vollständig ausgefüllten Anschussmeldekarten nimmt die Nachsuchenleitung am Kontrollpunkt in Empfang und trägt sie in einer Betriebskarte des Treibens ein. Ebenso verfährt sie mit den Informationen der Stöberhundführer über abgefangenes und geborgenes Wild. Hier sind exakt Ort, Art und Stärke des Wildes und seine Verletzung zu erfragen und einzutragen. Die Stöberhundeführer kennzeichnen die Stelle, wo sie Wild abgefangen haben, am sinnvollsten mit Markierungsband einer vorher bestimmten Farbe, damit der später arbeitende Nachsuchenführer sofort weiß, dass sein angesuchtes Stück Wild zur Strecke gekommen ist. Sind alle die Nachsuchen betreffenden Informationen in der Karte erfasst, ergibt sich meist schon ein aufschlussreiches Bild, wohin welche Suchen

▼ *Die gewissenhafte Untersuchung des Anschusses erlaubt eine erste Einschätzung der anstehenden Nachsuche.*

eventuell führen, was schon geklärt sein könnte und was noch fraglich ist.

Die Nachsuchenleitung teilt daraufhin die Nachsuchengespanne so ein, dass sie – ausgerüstet mit Anschussprotokollen und Karte – mit oberster Priorität sichere Totsuchen abarbeiten können. Als Nächstes werden eng benachbarte Stände mit vermutlich gleicher Fluchtrichtung des Wildes für einen Schweißhundeführer zusammengefasst, damit sich die Nachsuchengespanne nicht gegenseitig bei der Arbeit behindern.
Die Gespanne erhalten die Anschussprotokolle sowie eine Übersichtskarte und werden von einem Ortskundigen begleitet, der auch beim Bergen des gefundenen Wildes hilft.

»Nachlese« der Nachsuchen

Ein Jagdleiter, der besonderen Wert auf eine umfassende Nachbereitung seiner Jagd legt, verschickt an die Schützen, die mit Nach- und Kontrollsuchen an der Jagd beteiligt waren, einen Nachsuchenbericht, aus dem diese nicht nur die Ergebnisse ihrer Anschüsse erfahren, sondern zugleich auch umfassend über die harte, aber meist im Schatten einer großartigen Jagd verlaufende Nachsuchenarbeit informiert werden. Wir haben die Erfahrung gemacht, dass viele Schützen erst so von dieser wichtigen Arbeit erfahren und diese beim nächsten Mal mit ihren Angaben umso aktiver unterstützen.

Aus der Erfahrung von gut organisierten Bewegungsjagden weiß man, dass zwar viele Kugelschüsse aufzuklären sind, die meisten sich aber als Kontrollsuchen nach Fehlschüssen ergeben. Einige enden als Bestätigung an einem anderen Stand oder an der Markierung eines Stöberhundeführers, wenige als kurze Totsuchen am Stück. Noch weniger müssen als anspruchsvolle Nach-

▼ *Im Verlauf der Wundfährte unterstützen weitere Hinweise wie abgestreifter Schweiß die Nachsuchenarbeit.*

▶ Nachsuchen richtig organisieren

1 Frühzeitig vor dem Jagdtermin ausreichend erfahrene Gespanne sichern (Faustregel: Für erwartete 25–30 Stück Schalenwild auf der Strecke sollte ein Gespann eingeplant werden.)
2 Kleine Schützengruppen, bei denen jeder Schütze von einem erfahrenen Ansteller am nummerierten Stand abgeholt wird
3 Der Ansteller erfasst Munitionsverbrauch, erlegtes Wild und eventuelle Anschüsse.
4 Die Anschüsse werden für den Nachsuchenführer auffällig mit farbigem Trassierband markiert.
5 Anschüsse und erlegtes Wild werden im Anschussprotokoll genau notiert.
6 Abgabe und Abgleich der Anschussprotokolle bei der Nachsuchenleitung
7 Eintrag in eine Übersichtskarte und Vergabe der Nachsuchen nach Ranking (Totsuchen/Nachsuchen/Kontrollsuchen/ggf. Bündelung von Arbeiten an benachbarten Ständen)
8 Das Nachsuchengespann erhält die Anschussprotokolle und die Übersichtskarte.
9 Ideal ist die Begleitung durch einen ortskundigen Helfer.

suchen mit ungewissem Ausgang gearbeitet werden. Dabei wird das Nachsuchengespann nicht selten bis an die Grenzen gefordert.

Richtig geplant, gut organisiert und durchgeführt, kann eine Bewegungsjagd der Jagdleitung bestätigen, effektiv und tierschutzkonform gejagt zu haben.

»Besondere« Schüsse

Tellerschuss

Es werden insbesondere an Jägerstammtischen zahlreiche Gründe herangezogen, um einen Schuss hinter den Teller zu empfehlen. Wer das erfolgreich in der Praxis umsetzt, lässt sich gerne als Kunstschütze feiern. Das wirklich tödliche Ziel, das Hirn der Sau, ist in der Tat nicht größer als ein Bierdeckel. Man bedenke, dass nicht wenige der grünen Zunft Schwarzwild oft bei so schlechten Lichtverhältnissen beschießen, dass sie mit der Schussabgabe so lange warten müssen, bis sich die Sau bewegt. Erst dann kann man ahnen, wo vorne und hinten ist. Ob ihrer Schießkünste kann man wahrlich den Hut ziehen – nein, eigentlich nur den Kopf schütteln!

Rein statistisch gesehen ist die Wahrscheinlichkeit, den Bereich des Gehörgangs mit dem dahinter liegenden Gehirn zu treffen, deutlich kleiner als das ewig lang erscheinende Gebrech oder die hinter dem Schädel liegende dicke Muskelpartie des kurzen, kompakten Halses. Der Durchschuss der Halswirbelsäule ist bei Sauen ab Überläufergröße ebenfalls nicht berechenbar, da sie gleich nach dem Atlaswirbel nach unten abfällt und auf keinen Fall mittig in dem stark muskulösen Hals zu erwarten ist wie etwa beim Reh. Oberhalb der Wirbelsäule ergibt der Schuss einen massiven Wildbrettreffer, ohne allerdings größere Blutgefäße erreichen zu können. Ein Treffer unterhalb der Wirbelsäule zerschießt hingegen Drossel und Schlund. Im günstigsten Fall gehen Geschosssplitter in die Halsschlagadern, die dann über die zerfetzte Drossel in die Lungenflügel ausbluten. Sollte der Schweißhund tatsächlich Bindung an die kranke Sau bekommen, kann sich deren daraus ergebene Kurzatmigkeit positiv auf die Hetze auswirken.

Der Schuss auf den Teller hat keine Vorteile, solange auch nur der geringste Verdacht besteht, ihn nicht platziert setzen zu können.

Krellschuss

Dabei handelt es sich um einen mehr oder weniger starken Randtreffer oder Wildbretschuss im Bereich des Rückens oder Nackens. Was finden wir eventuell am Anschuss? Lediglich längere, oben gesplisste Borsten aus dem Kamm, die sogenannten Federn. Je nach Sitz des Treffers sind diese ohne Haarwurzel, also abgeschossen, oder mit den hellen Haarwurzeln, ja eventuell sogar büschelweise mit ganzen Schwartenfetzen. Da die Sommersau aber nackt oder kurzborstig ist, fehlen dem Schweißhundeführer diese Pirschzeichen im Sommer.

Heller Wildbretschweiß, kleine Wildbretteilchen oder Krümel von Weißem, selten Knochensplitterchen von den Dornfortsätzen können zusätzliche Pirschzeichen sein. Auf dem Anschuss finden wir Schweiß nur, wenn die Sau aufgrund eines massiven Schusses durch die Dornfortsätze nahe der Wirbelsäule schlagartig zu Boden geht, um sich dann auf der Stelle schlegelnd zu drehen. Die gesamte Wundfährte verläuft schweißfrei, da sich in der Rückenmuskulatur keine größeren Blutgefäße befinden und der anfangs wenige Schweiß in der Wundhöhle zusammenläuft. Finden sich Knochensplitter von den Dornfortsätzen, sind diese stumpffaserig auf der Oberseite und mit blutig brandigem Mark im Inneren, genau wie Rippenknochen. Schließlich sind Dornfortsätze ja auch nichts anderes als »Rippen«, die in die andere Richtung der Wirbelsäule gewachsen sind.

▼ *In der Folge eines misslungenen Tellerschusses verendete dieser Überläufer qualvoll an einem Nackendurchschuss.*

Schwarzwild zeichnet auf einen Krellschuss sehr unterschiedlich. Von einem nicht zu bemerkenden Rucken beim Streifschuss durch Federn und Schwarte über kurze Unsicherheit beim Abspringen, wenn der Schuss die Dornfortsätze streift, bis hin zum plötzlichen Zusammenbrechen und kurzzeitigen Liegenbleiben infolge eines Treffers nahe der Wirbelsäule. Beginnt die Sau zu schlegeln, muss nochmals sofort und ohne Rücksicht auf eventuelle Wildbretverluste nachgeschossen werden. Der erfahrene Schütze lädt daher sofort nach und bleibt noch eine Zeitlang mit dem Absehen auf dem Wildkörper.

Die Erfolgsaussichten einer Nachsuche auf eine gekrellte Sau liegen deutlich unter 50 Prozent und verlangen nach einem sehr erfahrenen Gespann, das zudem noch Glück braucht! Die Nachsuche sollte erst nach einer längeren Stehzeit erfolgen, um das Stück richtig krank und »steif« werden zu lassen. Aufgrund fehlender Pirschzeichen sucht das Gespann ohne optische Kontrolle im vertrauensvollen Blindflug.

Bei wirklich schweren Verletzungen hat der schnell und scharf hetzende Hund gute Chancen, die kranke Sau bis zum Fangschuss zu stellen. Bei leichteren »Schwartenkratzern« wird das Gespann auf den Einsatz versierter Vorstehschützen zurückgreifen, die an bekannten Wechseln aus dem angesuchten Einstand unter Wind vorgestellt werden. Ist die kranke Sau im Vorfeld der Nachsuche durch eine Vorsuche um den vermuteten letzten Einstand bestätigt, muss ein Schütze am Einwechsel zurückbleiben. Dieser Platz ist meist der erfolgversprechendste, weil die gekrellte Sau meistens weit vor dem Gespann den Wundkessel verlässt und versucht, unter Legen von Widergängen und Schleifen, den Verfolger zu beschäftigen, um sich dann über den bekannten und für sicher gehaltenen Einwechsel zu empfehlen.
Krellschüsse im Bereich der Halswirbelsäule sind in der Regel die Folge von missglückten Tellerschüssen. Verletzungen im Brustwirbelbereich entstehen oftmals durch Beschuss von Sauen, die in hoher Deckung stehen. Der Schütze fasst das Wild instinktiv höher an, um zu vermeiden, dass sich das Geschoss an der Deckung vorher zerschlägt. Zudem wird vom unerfahrenen Jäger oft übersehen, dass die Wirbelsäule beim Wildschwein aufgrund seiner anatomischen Besonderheit sehr viel tiefer liegt als bei anderem Schalenwild.

Achtung: Der Schweißhundeführer vergattert – und das kann aus gutem Grund nicht oft genug gesagt werden – die Vorstehschützen, weder auf gesundes Wild noch auf das vom Hund gestellte Stück zu schießen.

Gebrechschuss

Solche Verletzungen entstehen zum einen ebenfalls aus missglückten Tellerschüssen, aber auch bei Bewegungsjagden, wenn das Vorhaltemaß oder das Mitschwingverhalten nicht passt. Die Sau zeichnet von Kopfschütteln bei Treffern vorn oder tief am Unterkieferast bis zum Rollieren, wenn das Geschoss kurz vor den Lichtern den Oberkiefer durchschlägt. Die Pirschzeichen am Anschuss sind oft nur spärlich. Wenig kurzes Schnitthaar oder Borsten, wenig heller Wildbretschweiß, manchmal Speichelfäden und Teile von Lecker, Kieferknochen oder Zähnen. Äser- und Gebrechschüsse sind fast immer mit sehr langen und schwierigen und leider meistens erfolglosen Nachsuchen verbunden.

Die Wundfährte verläuft ganz typisch gerne auf Wegen, Gestellen, Straßen oder Freiflächen. Das zerstörte Gebrech schmerzt bei jeder Berührung mit Ästen. Aufgrund der lose baumelnden Kieferknochen findet sich der schmierige Wildbretschweiß beidseits der Fährte verspritzt. Die Riemenarbeiten sind oft sehr lang, bis sich das kranke Stück irgendwo einschiebt. Kommt es zur Hetze, geht diese oft ins Blaue, da sich derart kranke Sauen selten stellen: Die Läufe sind in Ordnung, der »Maschinenraum« ebenfalls. Sie sind mobil, können sich aber nicht gegen den Verfolger mit ihrem Wurf (Gewaff) wehren. Am ehesten kann der hetzende Schweißhund stellen, wenn der Gebrechschuss weit hinten im Bereich der Molaren sitzt. Denn wenn der Lecker zerschossen ist, schwillt dieser an und verknappt die Atemluft, austretender Schweiß wird in die Lungenflügel abgeschluckt. Idealerweise werden auch bei solchen Nachsuchen Vorstehschützen eingesetzt. Kommt das Gespann im Rahmen der Nachsuche nicht an die kranke Sau, muss bei Gebrechschüssen noch nicht aufgegeben werden. Der Jäger kann mit einem kurz suchenden Hund nochmals nach ein paar Tagen sämtliche im Revier bekannten Gewässer, die in Einstandsnähe liegen, absuchen, denn die kranken Stücke suchen aufgrund des Wundfiebers die Wassernähe.

Zerbissene Teile von Binsen, schweißige Spuren an Kirrungsbarren, die aus der wieder aufgebrochenen Wunde herrühren, zeigen dem Kundigen die Anwesenheit einer gebrechkranken Sau an. Nimmt das Fieber zu, die Kondition der hungernden Sau ab und machen sich Fliegenmaden in der Wunde breit, die für eine schleichende Blutvergiftung sorgen, irren diese leidenden Kreaturen nicht selten tagsüber sogar auf Straßen oder in Dörfern umher und verlieren jegliche Scheu. Wildunfälle oder Verletzungen durch das im Fieberwahn annehmende Stück sind die logische Konsequenz!

▶ Hinweis

Bei Nachsuchen ist grundsätzlich der Schweißhundeführer die bestimmende Person und damit Jagdleiter!

▼ *Hoher Laufschuss: der Schütze hat »gemuckt« oder ist (falsch!) mit dem Absehen am Vorderlauf bis zur Körpermitte aufgefahren.*

▼ *Schwarzwild mit zerschossenem Gebrech verendet erst nach vielen Tagen der Qual, denn Nachsuchen sind extrem schwer.*

PROFESSIONELLE WILDVERSORGUNG

Wildbret aus dem heimischen Revier ist ein hochwertiges Lebensmittel. Der Jäger ist für die Einhaltung der fleischhygienischen Vorschriften bei der Versorgung der erlegten Wildtiere verantwortlich.

DER AUFBRECHPLATZ BEI BEWEGUNGSJAGDEN

Woher auch immer der Verbraucher Wildbret für den eigenen Kochtopf erwirbt, erwartet er, dass es voll genusstauglich, lebensmittelhygienisch einwandfrei gewonnen wurde und von hoher Qualität ist. Eine berechtigte Forderung, die sich, ausgehend vom Wildhandel, direkt an den Revierinhaber und seine Mitjäger richtet.

Bereits seit 1976 ist der Jagdscheinanwärter gesetzlich im Rahmen der Jägerprüfung verpflichtet, »ausreichende Kenntnisse in der Behandlung des erlegten Wildes unter besonderer Berücksichtigung der hygienisch erforderlichen Maßnahmen und in der Beurteilung der gesundheitlich unbedenklichen Beschaffenheit des Wildbrets, insbesondere auch hinsichtlich seiner Verwendung als Lebensmittel« nachzuweisen. Nachdem die gesetzlichen Vorschriften in Bezug auf die Wildbrethygiene seit 1980 im Fleischbeschaugesetz, Fleischhygienegesetz und in der Fleischhygieneverordnung zuerst national konkretisiert und erweitert wurden, gab es dann wenige Jahre später aufgrund der Ausweitung des innereuropäischen Handels mit Wildbret diesbezügliche europäische Regelungen.

Für den Jäger bedeutet das eine gesetzlich festgeschriebene Verantwortung als Lebensmittelproduzent im Bereich Wildbret. Und mehr noch: Für den Jäger gilt eine Ausnahmeregelung, die

◀ *Erlegtes Wild sollte zügig geborgen und versorgt werden. Gehetztes Wild, das mit einem schlechten Schuss über Stunden in der Sonne liegt, verliert seine Genusstauglichkeit.*

ihm erlaubt, einwandfreies Wildbret von Haarwild auch ohne amtliche Fleischbeschau unter gewissen Voraussetzungen in den Handel zu bringen. Gerade weil die Verantwortung des Jägers in diesem Bereich eminent hoch ist, wird von ihm verlangt, dass er sich entsprechende Kenntnisse (z. B. Kundige Person) aneignet, um das Lebensmittel Wildfleisch hinsichtlich Qualität und Genusstauglichkeit korrekt beurteilen zu können.

Das beginnt bereits vor dem Schuss, indem der Jäger das ihn anlaufende Wild hinsichtlich Verhalten, Bewegung usw. genau erfasst, bevor der Schuss bricht. Seine Beobachtung oder seine Bedenken gibt er seinem Ansteller oder Gruppenführer bei der Abholung am Stand zu Protokoll. Dort erhält auch jedes erlegte Stück im Beisein des Schützen eine individuelle Markierung, meist in Form von nummerierten Blechohrmarken oder Wildursprungszeichen. Diese werden vom Ansteller in der Streckenerfassung genau nach Wildart, Geschlecht, Erlegungsort und Erleger notiert, damit jedes Stück Wild individuell zurückverfolgt werden kann. Neben dieser Begründung laut Fleischhygieneverordnung ist die individuelle Kennzeichnung auch im Rahmen der Nachsuchenarbeit dringend geboten, um letzte Ungereimtheiten klären zu können.

Der Wettlauf gegen die Zeit

Ein gut in der Kammer sitzender, möglichst wildbretschonender und sofort tödlicher Schuss ist die beste Voraussetzung für qualitativ hochwertiges Wildbret. Beim Ansitz erlegtes Schalenwild wird meist unmittelbar danach fachgerecht versorgt. Anders bei einer Bewegungsjagd: Aus Sicherheitsgründen dürfen die Schützen bis zum

▲ *Besonders bei starken Stücken muss der Brustkorb geöffnet werden, damit es zügig auskühlen kann.*

zeitlich vereinbarten Ende des laufenden Treibens ihren Stand nicht verlassen, auch wenn etwas erlegt wurde. Diese Zeit kann beim erlegten Wild trotz eines guten Treffers zum Verhitzen und damit zur Genussuntauglichkeit führen. Dafür sind oftmals mehrere Faktoren verantwortlich.

Entscheidend sind vielfach die Körpertemperatur und die Konstitution des Wildtieres zum Zeitpunkt des Verendens. Während ein ungestresst auf die Äsung ziehendes, gesundes Stück Schalenwild eine Körpertemperatur von 37 bis 38 °C aufweist, steigt die Körpertemperatur in einer Stresssituation, wenn beispielsweise Stöberhunde das Wild bei der Bewegungsjagd verfolgen, auf 40 °C und mehr an. Unter enormem Stress befindet sich auch nicht sofort tödlich getroffenes Wild, das von Hunden lange gestellt, gebunden wird oder angeschweißt noch lange zieht, bis es dann schließlich im Wundbett verendet.

Das in den Herbst- und Wintermonaten bejagte Schwarzwild weist zu dieser Zeit meistens einen sehr guten Ernährungszustand mit einer entsprechenden Schicht Weißem unter der derben Winterschwarte auf. Diese mehrere Zentimeter dicke Fettschicht isoliert so stark, dass ein Auskühlen der Muskelpartien lange nicht möglich ist. Insbesondere starke Stücke verhitzen deshalb in kürzester Zeit, wenn sie über Stunden unaufgebrochen im Wald liegen.

Die Lage und Größe eines eventuell vorhandenen Ausschusses kann die Zeitdauer des Verhitzens etwas hinauszögern, indem der Körperdampf entweichen und gleichzeitig kühle Luft ins Körperinnere strömen kann. Liegt das Stück allerdings auf dem Ausschuss oder ist derselbe durch heraushängende Darmschlingen verstopft, ist dieser Effekt verpufft.

Anders als vielleicht von vielen vermutet, spielt die Außentemperatur bei Weitem nicht die große Rolle. Das Verhitzen des Wildbrets resultiert in erster Linie nämlich vom Hitzestau im Körperinneren. Er führt in kürzester Zeit zu einer stickigen Reifung, bei der, anders als bei der Fleischreifung, keine erwünschten Milchsäurebakterien entstehen, sondern Buttersäure, Schwefelwasserstoff und der Blutfarbstoff Porphyrin. Sie sorgen in Folge dafür, dass das Muskelfleisch eine kupferrot schillernde Farbe annimmt und unangenehm streng riecht.

Dem Verhitzen folgt sehr schnell ein Fäulnisprozess mit Gasbildung in den inneren Organen, der Muskulatur und unter dem Brust- und Bauchfell. Auf der Fleischoberfläche entstehen schmierige Beläge, die dann trotz Kühlung faulig riechen. Dieser Prozess läuft nicht nur bei unaufgebrochenem Wild so ab, sondern auch bei ordentlich versorgtem Wild, das aber bei unzureichender Lüftung und Kühlung eng gehängt oder gepackt längere Zeit übereinander liegt, wie es leicht beim Transport vom Aufbrechplatz zur Wildkammer oder auf dem Wagen der Wildbergung zum Aufbrechplatz der Fall sein kann. Auch eine mit warmem Wild überfüllte Kühlzelle mit einem zu schwachen Gebläse kann hierfür ein Grund sein.

Finden Drückjagden gar schon im September oder zeitig im Oktober statt, wird dieser Prozess zusätzlich noch durch hohe Außentemperaturen oder gar durch direkte Sonneneinstrahlung beschleunigt. Sehr schnell ist unaufgebrochenes Wild genussuntauglich verhitzt. Die zusätzlich zu dieser Jahreszeit auftretenden Schwärme von Schmeißfliegen sind ein weiteres Übel. Nicht selten kleben in kurzer Zeit ganze Eierpakete am erlegten Stück.

▶ Das Aufbrechen am Stand …

… durch den jeweiligen Erleger sollte längst der Vergangenheit angehören. Dafür gibt es mehrere gute Gründe:

- bei mehreren Schüssen ist es nicht möglich, das Wild entsprechend zu versorgen,
- Wasser zum Ausspülen ist nicht oder zumindest nicht ausreichend vorhanden,
- das Begutachten bedenklicher Merkmale ist unter diesen Bedingungen nicht immer gegeben,
- Trichinenproben gehen verloren,
- aufgebrochenes Wild (mit geöffneter Bauchdecke und offenem Schloss) wird übereinandergestapelt zum Streckenplatz transportiert – das sorgt für Verunreinigung (Keime),
- es gibt Jäger, die im fachgerechten Aufbrechen unerfahren sind,
- unnötig im Wald verteilte Aufbrüche erschweren die Nachsuchenarbeit enorm.

Dem Jagdleiter kommt also eine verantwortungsvolle Aufgabe zu, insbesondere bei warmen Außentemperaturen. Wer dann bei Bewegungsjagden Treiben von drei Stunden Dauer ansetzt, handelt unverantwortlich hinsichtlich der Fleischhygiene! Es bleibt ja nicht bei einer Netto-Treibenzeit von drei Stunden. In aller Regel sind die ersten abgestellten Schützen bis zu einer Stunde vor Treibenbeginn bereits am Stand und erlegen sogar recht oft Wild weit vor der aktiven Phase, das durch den Anstellprozess locker wird. Und in den seltensten Fällen ist der Wildwagen pünktlich am Ende des Treibens bereits an allen Ständen! Die Wildbergung dauert je nach Wildaufkommen in der Regel auch mindestens eine Stunde. Bereits jetzt ist das Wild verhitzt, zumindest grenzwertig zu beurteilen. Es muss aber noch dicht (nicht selten aufeinander) gepackt zum Aufbrechplatz gefahren werden! Selbst wenn zur Halbzeit des Treibens eine Aufbrechpause verordnet wird, lässt sich vielleicht das Verhitzen hinauszögern, dafür haben wir aber mit Dreck und Gescheideinhalt verschmutztes Wildbret. Kein Schütze dürfte ausreichend Wasser von Trinkwasserqualität am Stand dabeihaben.

Um bei der Wildbergung Zeit zu sparen, darf diese nicht zentral erfolgen, sondern sollte gruppenweise durchgeführt werden. Jede Schützengruppe verfügt über ein Wildbergekommando, das unmittelbar beim Einsammeln der Schützen das vom Ansteller erfasste und gekennzeichnete Wild aufnimmt und auf direktem Weg zum Aufbrechplatz fährt. Dort wird es sofort abgeladen

▼ *Das Aufbrechen des Wildes am Stand sollte aus den verschiedensten Gründen unterbleiben.*

Ausstattung für den Aufbrechplatz

- Aufhängemöglichkeiten für das erlegte Wild
- Frontlader oder Aufbrechböcke
- Konfiskatbehälter
- Wassertank aus nach Lebensmittelrecht zugelassenem schwarzem Kunststoff
- Ebensolche Wasserschläuche mit Düsenaufsatz
- Wasserpumpe
- Fleisch- oder Rohrbahnhaken
- Fleischermesser, Fleischerbeil, Aufbrechzange und -säge, Messerschärfer
- Handtücher, Seife
- Probenbehälter/Formulare
- Schreibbrett
- Ersatzohrmarken
- Trinkwasser
- Behältnisse zum Auffangen von Hochwildschweiß zur Hundeausbildung
- Behältnisse für essbare Innereien
- Licht/Scheinwerfer
- Notstromaggregat
- Benzin
- Brennholz für Feuerstelle
- Wasserkessel für Heißwasserbereitung
- Ausreichend Wassereimer zur Messerreinigung
- Wildwaage
- Verkaufslisten/Lieferscheine
- Verbandskasten, Desinfektionsmittel
- Telefonliste
- Raum oder Bauwagen für Aufbrechpersonal
- Material für die Trichinenprobenentnahme
- Personalmenge am Aufbrechplatz entsprechend der erwarteten Strecke
- Qualifikationen: »Kundige Person«, »Befugnis zur Trichinenprobenentnahme«

und jeweils isoliert abgelegt. Ideal, wenn es am Hinterlauf an einer Rohrbahn oder einem Holzgestänge aufgehängt werden kann, bis es zügig aufgebrochen wird.
Das Personal am Aufbrechplatz besteht aus Profis im Bereich der Wildversorgung. Es sind grundsätzlich Kundige Personen, die nicht nur fundierte handwerkliche Kenntnisse und Fähigkeiten besitzen, das Aufbrechmesser geschickt zu führen, sondern auch entsprechende Sachkunde im schnellen Erkennen bedenklicher Merkmale besitzen. Das Wild wird in sogenannten Aufbrechböcken oder über Kopf hängend in Vorrichtungen, an der Frontladerschaufel des Treckers oder direkt an einer Rohrbahn aufgebrochen.

Nach der Beschau wandern die essbaren Innereien in eine große Wanne mit Wasser, der Rest des Aufbruchs in eine Konfiskattonne und der restliche Wildkörper wird auf der Rohrbahn hängend mit Wasser sauber ausgespritzt. Das am Aufbrechplatz benutzte Wasser hat selbstverständlich Trinkwasserqualität und stammt aus der Leitung oder nach Lebensmittelrecht zugelassenen Kunststofftanks. Vom Schusskanal verunreinigte Körperpartien werden großflächig ausgeschnitten, damit ausgetretene Keime nicht den restlichen Wildkörper infizieren.

Proben für eventuell anfallende Untersuchungen können direkt beim Aufbrechen genommen werden. Begleitscheine lassen sich individuell ausstellen, da jedes Stück Wild bereits vom Ansteller im Beisein des Erlegers unter genauer Berücksichtigung seines Verhaltens vor dem Schuss dauerhaft gekennzeichnet wurde.

Der ideale Aufbrechplatz

Am Aufbrechplatz sollten ausreichend Gestelle sein, die es erlauben, das versorgte Wild abtropfen und ausdampfen zu lassen, bevor es in die Wildkammer oder in den Kühlwagen verschoben wird. Im Idealfall geschieht das auf einer entsprechend langen Rohrbahn, die es den Helfern erlaubt, zügig und bequem im Nachgang das Wild zu verladen, ohne es unnötig wieder ab- und aufhängen zu müssen. Auf jeden Fall muss ein Aufbrechplatz im Revier oder vor der Wildkammer geräumig genug sein, um das angelieferte Wild aufzunehmen, und mindestens überdacht sein, damit nicht nur das Wildbret vor Niederschlag geschützt, sondern auch das Aufbrechpersonal bei Laune gehalten wird und anfallende Schreibarbeiten im Trockenen durchgeführt werden können. Um starken Verunreinigungen und einer Unfallgefahr durch Ausrutschen vorzubeugen, sollte die Bodenfläche geschottert oder besser noch betoniert werden, mit leichtem Gefälle und Abflussrinne, damit Wasser und Schweiß in einem Sickerschacht aufgefangen werden können.

Der Aufbrechplatz muss so gelegen sein, dass Wild anliefernde Fahrzeuge von einer Seite her anfahren und abladen können, ohne zu wenden, und in gleicher Richtung weiterfahren können. Wenn das Wild von einem Kühlfahrzeug am Aufbrechplatz abgeholt werden soll, muss die Zufahrt neben einer entsprechend breiten Fahrspur auch möglichst eine Rückstoß- oder Wendemöglichkeit aufweisen. Je nach Witterung und Gewicht der Fahrzeuge sollte der befahrbare Untergrund befestigt werden.

Wenn bei kleinen Bewegungsjagden die Streckenerwartung bei 20 bis 30 Stück Schalenwild endet und es keine allzu weiten Anfahrtswege zur Wildkammer gibt, kann diese Menge sicherlich dort hygienisch einwandfrei versorgt werden. Fallen aber große Strecken oder schweres Wild an und sind die Wege vom Revier in die Wildkammer weit, muss sich der Jagdleiter Gedanken um einen festen Aufbrechplatz machen, da dies eine Reihe von wesentlichen Vorteilen mit sich bringt. Nicht nur die überwachenden Behörden, sondern auch die Öffentlichkeit schaut überall verstärkt auf das, was in den Revieren abläuft. Wenn jeder nach dem Prinzip verfährt, sein Wild so zu versorgen und zu präsentieren, als wenn er es selbst in der Küche verwenden möchte, liefern wir keinen Grund, über dieses Thema diskutieren zu müssen.

▼ *Am zentralen Aufbrechplatz gelingt eine zufriedenstellende Versorgung des erlegten Wildes.*

AUFBRECHEN VON SCHWARZWILD

Bereits vor dem Schuss liegt die Verantwortung beim Jäger, darauf zu achten, ob sich das zum Abschuss vorgesehene Stück Wild unauffällig gesund verhält. Der Schuss selbst soll aus Tierschutzgründen einerseits möglichst sofort töten, andererseits aber aus Sicht der Wildbrethygiene möglichst wenig Organe und Wildbret zerstören. Das ist, wenn man sich Kaliber, Geschosstypen und Laborierungen anschaut, nicht immer ganz einfach. Wird mehr als die Organe im Brustkorb verletzt, ist die bedenkenlose Verwertung des Fleisches nicht mehr garantiert. Doch selbst bei einem Schuss durch den Bauchraum kann der Jäger mit der richtigen Aufbrechmethode noch einen wesentlichen Teil des Wildbrets retten.

Für das Aufbrechen eines Stückes Schalenwild gibt es verschiedene Möglichkeiten. Einige halten die gesetzlich geforderten Hygienestandards für Wildbret, einige – und die werden teilweise immer noch in den Jungjägerkursen gelehrt – reichen nicht mehr aus.

Das Aufbrechen von Schalenwild sollte grundsätzlich nach der »modernen« Methode im Hängen ausgeführt werden. Dazu wird das Stück an den Hinterlaufen eingehesst und mit dem Haupt nach unten aufgehängt. Die Bauchdecke wird vor den Keulen nach unten aufgeschärft, der Brustkorb mittig durchtrennt und die Decke über dem Schlund bis in den Unterkieferwinkel aufgeschärft. Den Enddarm lösen wir durch das so genannte »Ringeln«. Weidloch und Enddarm werden dazu kreisförmig umschnitten und dann in die Beckenhöhle geschoben, sodass sie von innen umfasst und im Ganzen herausgezogen werden können. Die Schlossnaht wird nicht geöffnet, damit das Wildbret auf der Keuleninnenseite nicht austrocknet.

Die Vorteile durch Ringeln

Wir verschmutzen kein Wildbret mit Darminhalt, Losung oder austretendem Urin. Durch das intakte Schloss und die über den Keuleninnenseiten unversehrten Decke oder Schwarte kann das Wildbret der Keulen weder verschmutzen noch eintrocknen. Weil das Schloss nicht geöffnet wurde, kann das Stück Wild – vornehmlich auch starkes Wild in schwerem Gelände – gut gezogen werden, ohne das Wildbret beim gelegentlichen Überschlagen des Wildkörpers zu verunreinigen. Eine Tatsache übrigens, die bei den Berufsjägern im Gebirge oder bei Wildnisjagden im Ausland seit vielen Jahren bekannt ist und mit großem Erfolg praktiziert wird.

Schließlich ziehen wir die Innereien nach unten heraus, um sie dann auf bedenkliche Merkmale untersuchen zu können. Stellen wir welche fest, verwerfen wir das Stück Wild oder melden es zur amtlichen Fleischbeschau an. Hierzu benötigt der Veterinär nicht nur den Wildkörper, sondern auch sämtliche essbaren inneren Organe.

Bei der Aufbrechmethode im Hangen kann das plötzliche Vorfallen aller Innereien, gerade bei starken Stücken, ein Problem werden. In diesem Fall legen wir das Stück Wild auf einen nach vorne geneigten Aufbrechbock, damit der Schweiß abfließen kann, aber die inneren Organe in der Körperhöhle verbleiben. Auch das Aufhängen eines starken Stück Wildes kann in Ermangelung einer Aufzugsvorrichtung zur Strapaze werden. Zur Erleichterung gibt es einen Aufbrechschragen, auf den das Wild ebenerdig gezogen und befestigt wird, um dann mit einem Gegengestell mühelos von einer Person aufgerichtet und in die gewünschte Position gebracht zu werden.

▲ *Nach dem Aufbrechen werden Verunreinigungen durch den Schuss sauber ausgeschnitten und mit Trinkwasser ausgespült.*

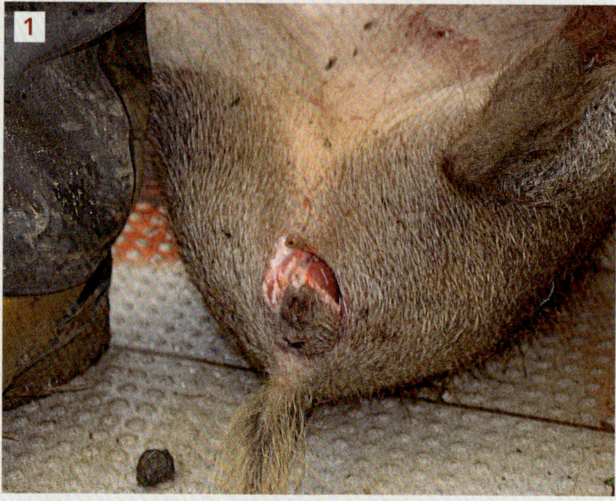

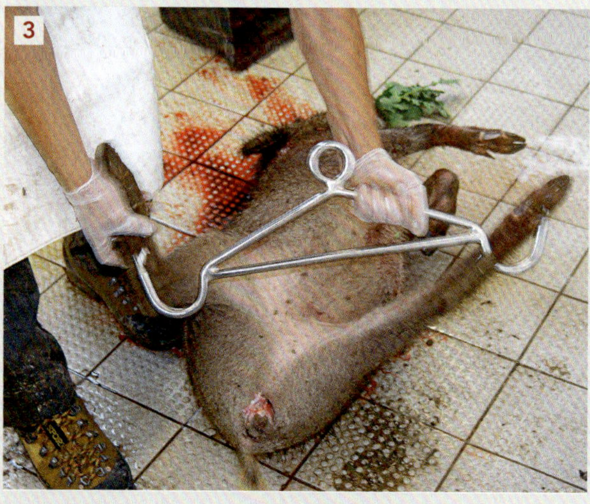

1 Das »Ringeln« von Weidloch und Enddarm erfolgt, solange sich das Stück Schalenwild noch am Boden befindet. Wir stellen uns dazu mit dem Rücken zur Sau und klemmen die Hinterläufe der auf dem Rücken liegenden Sau hinter unseren Beinen ein. So können wir an dem stabilisierten Stück mit einem scharfen Messer das Weidloch kreisförmig umschneiden und den Schnitt seitlich um den Enddarm herum bis tief in das Becken hinein führen, ohne dabei den Darm zu verletzen.

2 Für das spätere Aufhängen der Sau müssen wir diese an den Hinterläufen hessen. Bei kurzläufigem Wild wie Schwarzwild führen wir einen Schnitt vom Geäfter bis kurz vor das Fußwurzelgelenk, und zwar eng am Knochen, sodass wir die starke Sehne freilegen. Diese Methode hat zum einen den Vorteil, dass wertvolles Wildbret nicht austrocknet oder mit Keimen belastet wird, zum anderen stören keine überstehenden Läufe den Transport des versorgten Stückes auf der Rohrbahn in unserer Kühlung. Wir können aber auch das Stück Wild an der Achillesferse unterhalb der Keule einschneiden und hessen. Bei hochläufigem Wild trennen wir zum besseren Schieben auf der Rohrbahn dann die Hinterläufe im Fußgelenk ab.

3 In diese Schnitte an den Hinterläufen hängen wir eine Aufbrechhilfe ein. Das kann ein praktischer Spreizhaken sein – wie auf dem Foto –, kann aber auch nur aus zwei Fleischhaken bestehen.
Das so vorbereitete Stück hängen wir in der Wildkammer mit einem Aufzug auf die Rohrbahn. Wir können es aber auch auf das nachfolgend beschriebene Spreizgestänge hängen oder auf den Aufbrechbock legen.

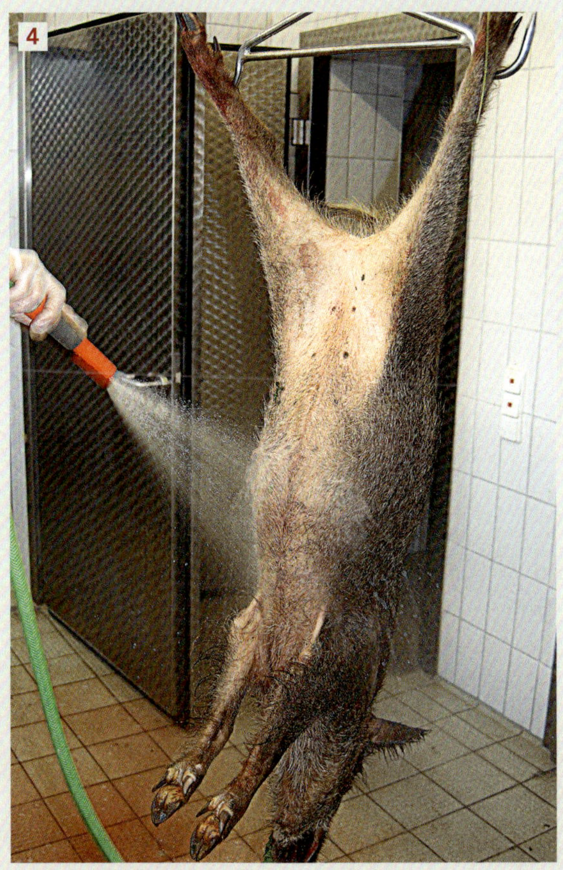

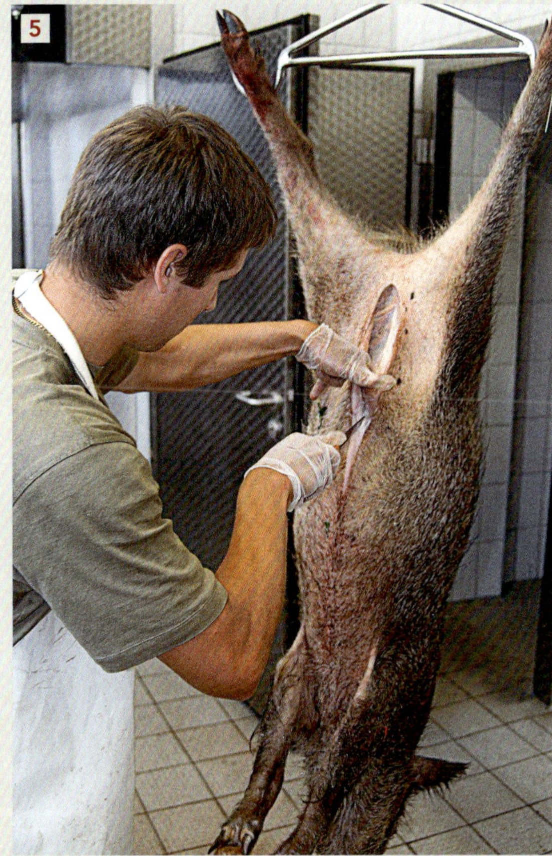

4 Schwarzwild war sehr häufig vor dem Erlegen in der Suhle oder ist durch das Bergen bis zum Fahrzeug von außen stark verschmutzt. Damit dieser Dreck nicht beim Aufbrechen das ungeschützte Wildbret verunreinigt, spritzen wir die Sau vorher mit klarem Wasser ab.

5 Die Schnittführung beginnen wir an der Bauchschwarte unterhalb der Keulen, sodass die Innenseiten der Keulen weiterhin von der Schwarte bedeckt bleiben.

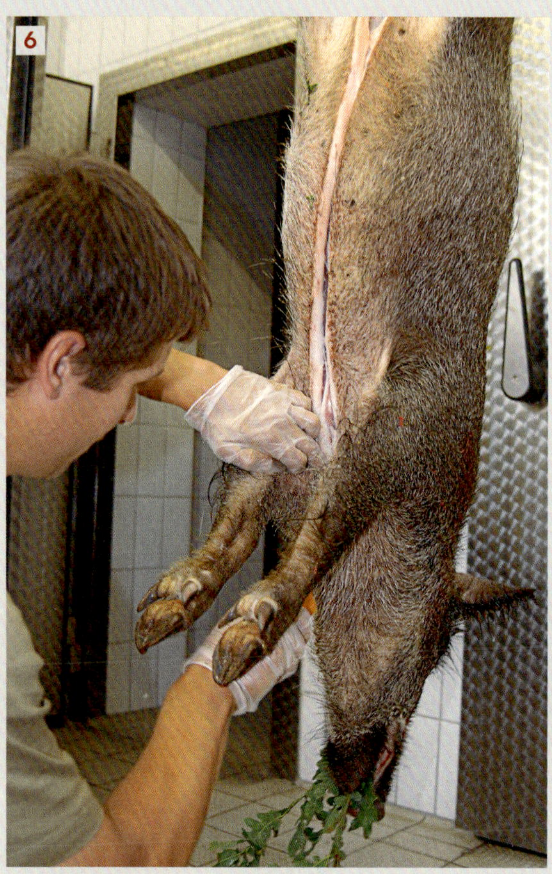

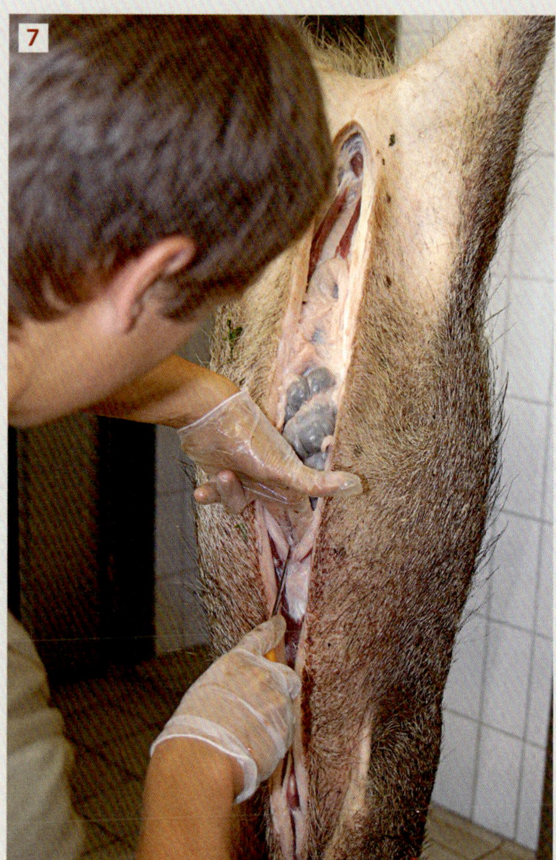

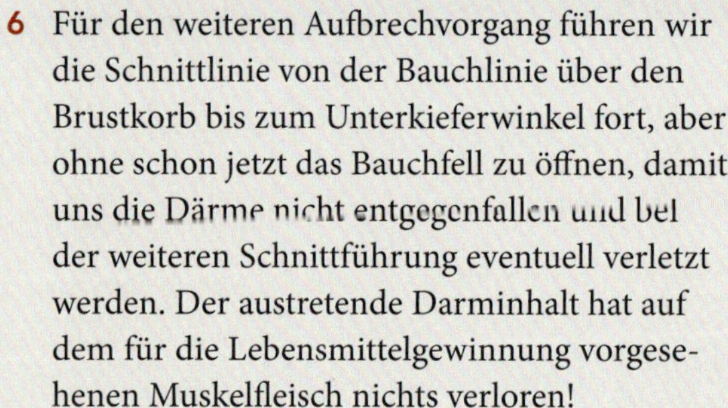

6 Für den weiteren Aufbrechvorgang führen wir die Schnittlinie von der Bauchlinie über den Brustkorb bis zum Unterkieferwinkel fort, aber ohne schon jetzt das Bauchfell zu öffnen, damit uns die Därme nicht entgegenfallen und bei der weiteren Schnittführung eventuell verletzt werden. Der austretende Darminhalt hat auf dem für die Lebensmittelgewinnung vorgesehenen Muskelfleisch nichts verloren!

7 Erst jetzt öffnen wir unterhalb der Keulen den Bauchraum und nehmen den herausfallenden Dickdarm zur Seite.

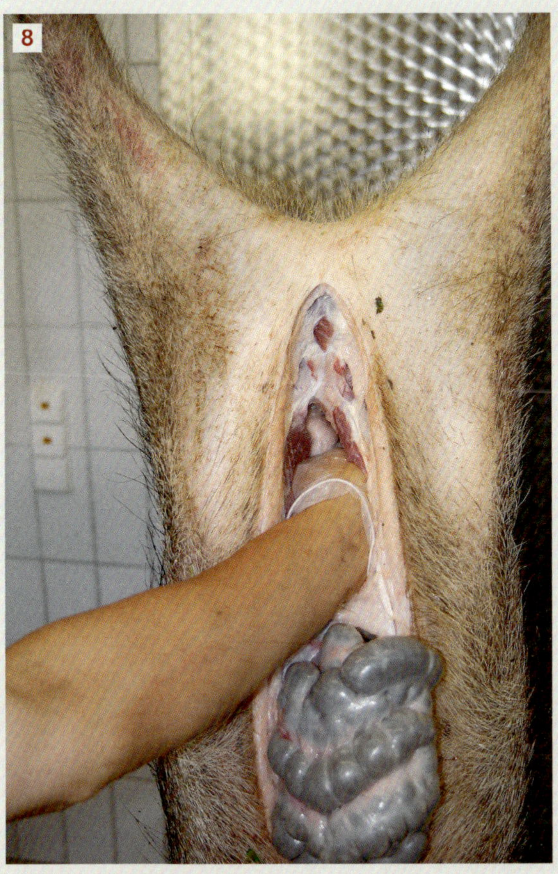

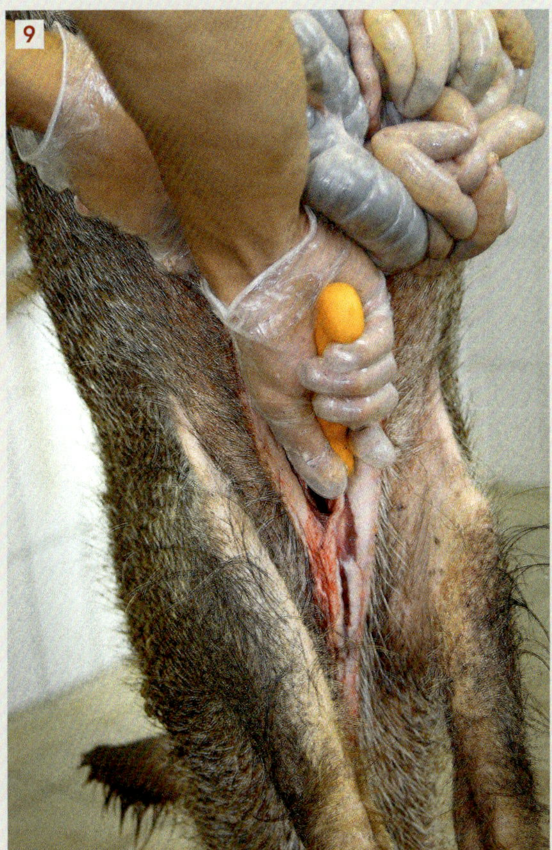

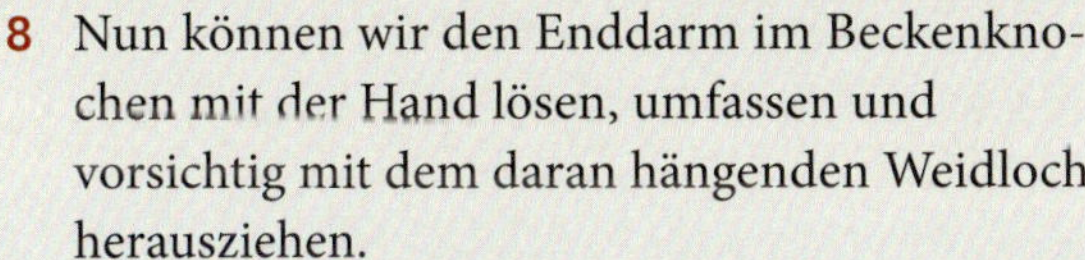

8 Nun können wir den Enddarm im Beckenknochen mit der Hand lösen, umfassen und vorsichtig mit dem daran hängenden Weidloch herausziehen.

9 Mit der einen Hand halten wir die nach unten hängenden Därme von der Schnittführung weg und schärfen mit der anderen weiter bis zum Brustbein.
Bei jungen Stücken ist dieses noch verknorpelt, sodass wir mit dem Messer einen sauberen Trennschnitt durch den Brustkorb führen können. Bei älteren oder starken Stücken nehmen wir dazu die Knochensäge oder eine stabile und scharfe Aufbrechzange.

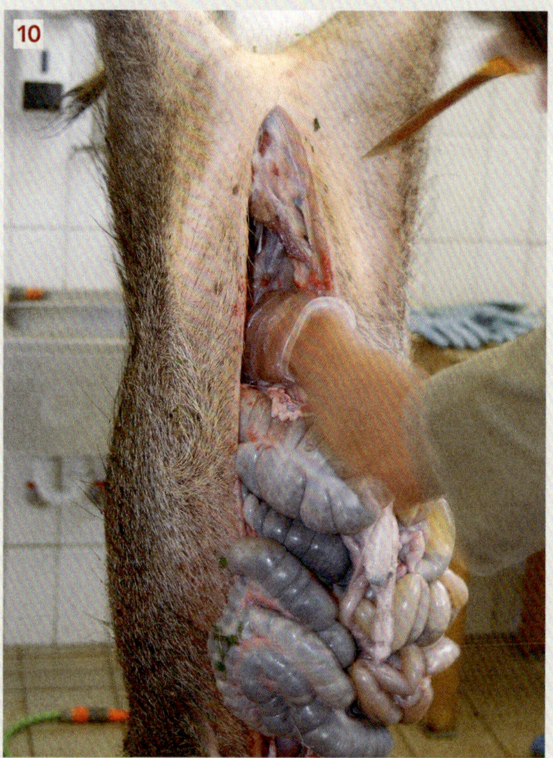

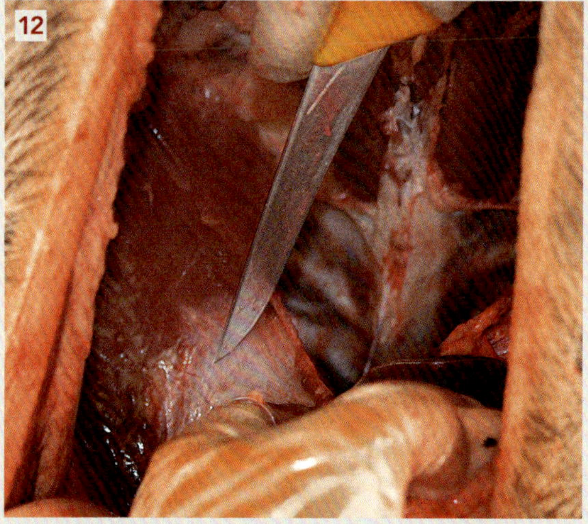

10 + 11 Wir durchtrennen jetzt die große Gekröswurzel, den Aufhängeapparat unter dem Rücken, an dem der Magen-Darm-Trakt massiv aufgehängt ist. Zugleich achten wir beim Schwarzwild darauf, dass beim Durchtrennen des Zwerchfells auch genügend Material von den Zwerchfellpfeilern stehen bleibt. Diese gut durchbluteten Muskelpartien des Zwerchfells benötigt der Tierarzt zur Entnahme der Trichinenprobe!

12 Hat man früher nach dem eigentlichen Aufbrechen die Brandadern aufgeschärft, werden sie heute am besten mit der Messerspitze leicht angehoben, abgetrennt und entfernt, da der im Wildkörper verbleibende Schweiß am ehesten anfängt zu verderben.

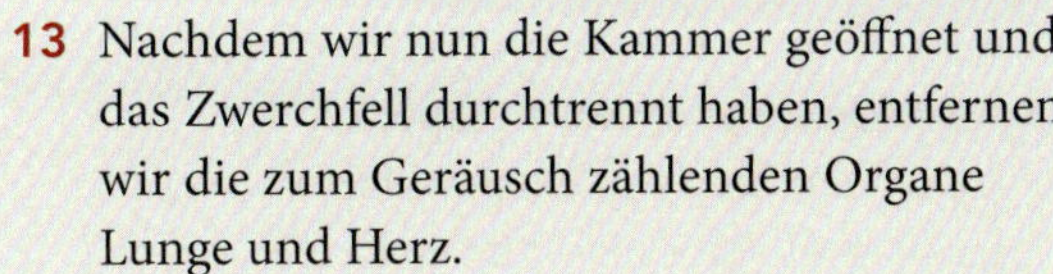

13 Nachdem wir nun die Kammer geöffnet und das Zwerchfell durchtrennt haben, entfernen wir die zum Geräusch zählenden Organe Lunge und Herz.

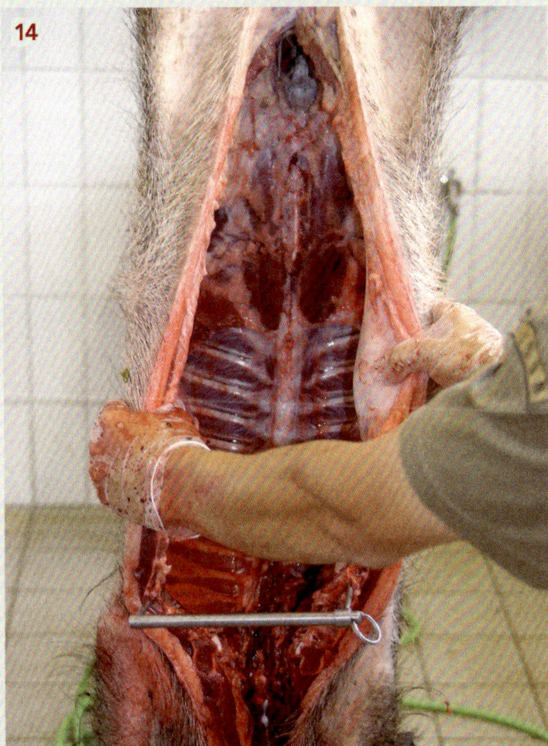

14 Zum Schluss ziehen wir noch unter vorsichtigem seitlichem Nachschneiden Drossel, Schlund und Lecker heraus. In der Folge haben wir alle inneren Organe, vom Lecker bis zum Weidloch, vorliegen, können diese ausbreiten, schrittweise auf bedenkliche Merkmale untersuchen und bei Verdacht den Aufbruch neben dem ausgeweideten Wildkörper dem Tierarzt zur amtlichen Fleischbeschau vorlegen.

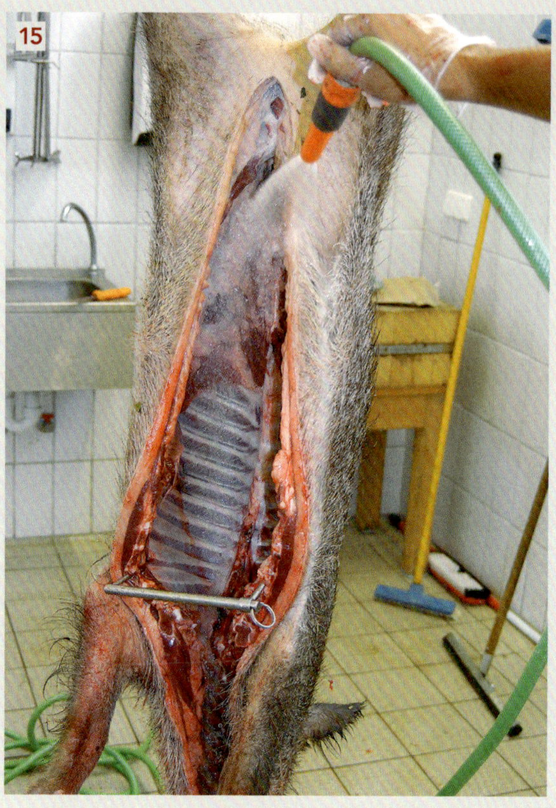

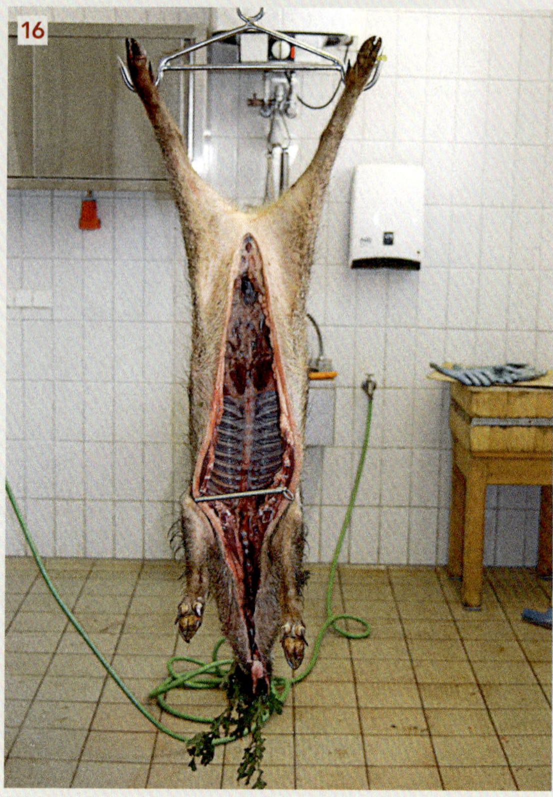

15 Im Idealfall finden wir in einer ausgestatteten Wildkammer auch noch sogenannte Spreizer aus Edelstahl, die in den geöffneten Brustkorb gespannt werden.
So kühlt das Wild schneller aus. Bei starken Stücken lüften und spreizen wir zusätzlich beide Blätter. Wir verwenden zum Ausspritzen des Blutes und anderer Substanzen selbstverständlich Wasser von Trinkwasserqualität! Bei der »modernen Aufbrechmethode« im Hängen über Kopf vermeiden wir nicht nur eine Verschmutzung der wertvollen Keulen und der Filets mit Blut und Darminhalt, sondern das Wild lässt sich bedeutend einfacher reinigen und schweißt vor allen Dingen gründlich aus.

16 Sauber aufgebrochen und gründlich gewaschen, kann das Wild nun eine Zeit lang abtropfen und abtrocknen. Dabei lassen wir das frisch erlegte Stück auf etwa 7 °C abkühlen und ausdampfen, bevor wir es dann in unserer Kühlung auf +2 °C herunterkühlen. So vorbereitet, kann das Wildbret gut abhängen und zu einem hochwertigen Lebensmittel verarbeitet werden.

17 Der Aufbrechbock eignet sich vorzüglich, um starkes Wild im Liegen aufzubrechen. Sehr von Vorteil sind die angenehme und rückenschonende Arbeitshöhe sowie die leichte Neigung nach vorne. Sie ermöglicht das Abfließen von Schweiß durch den Brustraum, verhindert aber das plötzliche Vorfallen sämtlicher Innereien, wie das im Hängen der Fall wäre.

18 Der Aufbrechschragen ist eine etwas aufwendigere Konstruktion, dafür aber eine sehr komfortable Einrichtung, um schweres Wild auch allein im Hängen aufbrechen zu können. Wie auf eine auseinandergeklappte Trage ziehen wir das Wild auf dem Rücken liegend zwischen die Haltebretter, hessen die Hinterläufe und hängen sie am Gestänge ein. Jetzt stellen wir das Gestell durch Zusammenschieben von Vorder- und Rückseite auf und arretieren es mit den Seitenhölzern in dem gewünschten Aufbrechwinkel.

STICHWORTVERZEICHNIS

Übersicht der Filmclips, die per QR-Code abrufbar sind:

S. 7: Afrikanische Schweinepest – Fragen an Veterinärdirektor a.D. Dr. Günther Baumer (Kamera, Produktion DW)
S. 14: 30 Sauenfotos – Ansprechen leicht gemacht (Fotos MM, Produktion DW)
S. 31: Schwarzwild an sprechen im Feld (Kamera, Produktion DW)
S. 51: Pirschen im Wald (Kamera, Produktion DW)
S. 56: Pirschen im Feld (Kamera, Produktion DW)
S. 61: Schwarzwild ansprechen beim »Nachtansitz« (Produktion DW)
S. 64: Kanzel zum Sauansitz optimieren (Kamera, Produktion DW)
S. 74: Malbäume und Suhlen (Kamera, Produktion DW)
S. 90: Bewegungsjagd – eine beispielhafte Jagdleiter-Rede (Kamera Hermann Pleikies, Produktion DW)
S. 95: Erntejagd 1 – Sicherheit bei der Wildschweinjagd (Deutscher Jagdverband)
S. 97: Erntejagd 2 – gezielte Wildschweinjagd (Deutscher Jagdverband)
S. 116: Saujagd mit dem Finder (Kamera MM, Produktion DW)

Folgende Kapitel wurden einzeln von Dirk Waltmann (DW) und Matthias Meyer (MM) verfasst:

Richtig ansprechen (MM)
Wo stecken welche Sauen wann? (DW), *außer* Optimierter Lebensraum – bessere Strecken (MM)
Spannende Einzeljagd (DW), *außer* Suhlen und Malbäume (MM), Anlegen einer »natürlichen« Lehmsuhle (MM), Der Palettenschirm (MM), Besondere Kessel für Sauen (MM)
Gemeinsam jagen (DW), *außer* Kreisen und Drücken (MM)
Vierbeinige Jagdhelfer (MM)
Nachsuchen (MM)
Professionelle Wildversorgung (MM)

Über die Autoren

Wildmeister Matthias Meyer, 1966 in Schleswig-Holstein geboren, absolvierte mit 16 Jahren die Jägerprüfung. Nach Abitur und Offizierslaufbahn Ausbildung zum Revierjäger. Seit nahezu 30 Jahren betreut er rund 5500 Hektar Revierfläche der Fürstlichen Forstverwaltung Oettingen-Spielberg in Bayern und leitet die Schweißhundestation Nord-Ries. Ob am langen Riemen hinter dem Hannoverschen Schweißhund auf der Wundfährte, ob als Stöberhundeführer, Berufsjäger oder Wild- und Jagdfotograf – der fast tägliche Umgang mit Schwarzwild gewährt ihm unvergleichliche Einblicke und Betrachtungswinkel zu dieser Wildart. Als langjähriger freier Mitarbeiter von Jagdmagazinen und gefragter Referent zu Themen aus der Jagdpraxis ist er auch im deutschsprachigen Ausland präsent.

Dirk Waltmann, Jahrgang 1959, geboren in Nordrhein-Westfalen, übt seit seinem 17. Lebensjahr die Jagd aktiv aus. Seit Anbeginn sind Hege und Bejagung von Schwarzwild seine jagdliche Leidenschaft. Während der inzwischen über 30-jährigen Tätigkeit als Jagdjournalist hat er seinen Wissensschatz ums Schwarzwild immer wieder erweitert. Und das meist aufgrund eigener Erfahrungen – einige Jahre davon als Verantwortlicher eines schadensintensiven Reviers – und dank enger Kontakte zu Berufsjägern, Wildbiologen, Schwarzwildexperten und Schweißhundeführern im In- und Ausland. Als gefragter Ratgeber schreibt der Jagdpraktiker in deutschen und ausländischen Jagdmagazinen und referiert zu Themen rund ums Schwarzwild.

Impressum

Aktualisierte Neuausgabe von „Schwarzwild im Visier" 978-3-8354-1519-5.

Bildnachweis

Cover: Getty Images/Jevtic
Alle Fotos und Grafiken von Matthias Meyer, außer:
Marek, Erich: 2/3
RUAG Ammotec:122
Waltmann, Dirk: 5-2, 9, 20, 27, 30, 31, 46/47, 48, 50, 51, 53, 55, 56, 57, 58, 59, 60, 61, 62, 63, 64, 65, 66, 71, 76-2, 77-1, 82, 83-1, 84, 85, 90, 93-1, 93-2, 93-3, 94, 95, 96, 97, 98, 100, 101, 118/119, 123, 143, 158-2
Wengert, Thomas: 104

Projektleitung: Elena Gabler
Umschlaggestaltung: independent Medien-Design, Horst Moser, München
Layout und Satz:
griesbeckdesign, Dorothee Griesbeck, München
Herstellung: Petra Roth
Repro: Longo AG, Bozen
Druck und Bindung: Firmengruppe APPL, aprinta druck, Wemding

ISBN 978-3-8354-1962-9

2. Auflage 2020

Umwelthinweis: Dieses Buch ist auf PEFC-zertifiziertem Papier aus nachhaltiger Waldwirtschaft gedruckt.

Wichtiger Hinweis

Das vorliegende Buch wurde sorgfältig erarbeitet. Dennoch erfolgen alle Angaben ohne Gewähr. Weder Autoren noch Verlag kann für eventuelle Nachteile oder Schäden, die aus den im Buch vorgestellten Informationen resultieren, eine Haftung übernehmen.

Werberechtlicher Hinweis

Die Nennung von Produkten und ihrer Hersteller in diesem Buch und in den über QR-Codes abrufbaren Filmclips stellt keine Kaufempfehlung dar.

Liebe Leserin und lieber Leser,

wir freuen uns, dass Sie sich für ein BLV-Buch entschieden haben. Mit Ihrem Kauf setzen Sie auf die Qualität, Kompetenz und Aktualität unserer Bücher.
Dafür sagen wir Danke! Ihre Meinung ist uns wichtig, daher senden Sie uns bitte Ihre Anregungen, Kritik oder Lob zu unseren Büchern. Haben Sie Fragen oder benötigen Sie weiteren Rat zum Thema? Wir freuen uns auf Ihre Nachricht!

Wir sind für Sie da!
Montag – Donnerstag:
9.00–17.00 Uhr
Freitag:
9.00–16.00 Uhr

Telefon: 00800 / 72 37 33 33*
Telefax: 00800 I 50 12 05 44*
Mo–Do: 9.00–17.00 Uhr
Fr 9.00–16.00 Uhr
(*gebührenfrei in D, A, CH)
E-Mail: leserservice@graefe-und-unzer.de

GRÄFE UND UNZER Verlag
Leserservice
Postfach 860313
81630 München

Ein Unternehmen der
GANSKE VERLAGSGRUPPE